Un científico en el supermercado

José Manuel López Nicolás

Un científico en el supermercado

Un viaje por la ciencia de las pequeñas cosas

Planeta

Av. Diagonal, 662-664, 08034 Barcelona
www.editorial.planeta.es
www.planetadelibros.com

Primera edición: noviembre de 2019
Cuarta impresión: febrero de 2020
Depósito legal: B. 22.663-2019
ISBN: 978-84-08-21725-1
Preimpresión: J. A. Diseño Editorial, S. L.
Impresión: Rodesa
Printed in Spain – Impreso en España

El papel utilizado para la impresión de este libro está calificado como **papel ecológico** y procede de bosques gestionados de manera **sostenible**

A Francisco García Carmona, mi maestro

ÍNDICE

PREFACIO

Mucha gente piensa que un tomate carece de ADN, que un alimento natural no contiene ingredientes químicos o que el ser humano jamás pisó la Luna. Estas ideas equivocadas tienen efectos muy negativos en ámbitos como la salud, la economía, la investigación científica y la cultura en general, pues conviene recordar siempre que la ciencia, de la misma manera que las artes o las humanidades, es uno de los pilares básicos de nuestra civilización.

Pero ese desconocimiento es aún más preocupante de lo que parece. Según las últimas encuestas de percepción social, aproximadamente la mitad de los españoles no siente el menor interés por la ciencia o la tecnología. No les interesan en absoluto. Y todo eso a pesar de que, como afirmaba Carl Sagan, vivimos en una sociedad altamente dependiente de ellas. Pura incongruencia.

Es posible que estos datos no le parezcan alarmantes, pero quizá cambie de opinión si le cuento que uno de cada cinco españoles (es decir, unos 9,4 millones de personas) ha utilizado remedios no contrastados científicamente para mejorar su salud. Además, cerca de dos millones los han empleado en sustitución de tratamientos médicos. Lo peor es que muchos usuarios de estas peligrosas prácticas las confunden con terapias y técnicas avaladas por la ciencia.

Por todo ello, es imprescindible acercar la ciencia a la ciudadanía. Personalmente lo hago como docente en las aulas de la Universidad, como científico trasladando los resultados de nuestro grupo de investigación al público y como divulgador científico en televisión, periódicos, revistas, radio, webs, conferencias y redes sociales.

Sin el progreso científico y tecnológico, no dispondríamos de los alimentos que consumimos, de los fármacos que nos curan, de la ropa que utilizamos o de los dispositivos móviles de los que tanto dependemos. Pero, al mismo tiempo, pretendo dar a conocer que la ciencia está presente también en todas y cada una de nuestras aficiones. A nadie le extraña que detrás de un medicamento o de un teléfono móvil haya mucha ciencia y tecnología, pero le sorprende que se encuentre en algo tan insospechado como un simple paseo por la playa, un partido de fútbol, un plato de arroz o nuestra película favorita.

Puesto que quiero mostrarle la importancia de la ciencia en nuestras necesidades diarias, no espere encontrar aquí sesudas explicaciones teóricas sobre física cuántica o la teoría de cuerdas, sino qué hay tras una compra efectiva en su hipermercado, un amanecer, un divertidísimo partido de tenis, un sabroso helado, un fraude alimentario, las más famosas tradiciones populares —como la cabalgata de los Reyes Magos— y otras muchas cosas que forman parte de su vida cotidiana.

¿Y cómo voy a intentar que usted se apasione por la ciencia? Empleando un arma muy eficaz: la interdisciplinariedad. Las disciplinas científicas ya no trabajan aisladas en compartimentos separados: en este siglo XXI, la madre de todas las ciencias es la suma de todas ellas trabajando en equipo. Por eso en estas páginas encontrará relaciones poco conocidas entre ramas clásicas de la ciencia —biología, física, química, matemáticas, nutrición, medicina, geología, veterinaria, farmacología y muchas otras—, entrelazadas con disciplinas artísticas como la escultura, la música y la pintura.

Pero también conocerá nuevas áreas que han desembarcado recientemente en el panorama científico-tecnológico —biotecnología, nanotecnología, bioinformática, evolución dirigida, genómica, cronobiología, metabolómica...— y que están cambiando no solo su vida, sino la de todos. Conocer los pros y contras de estos avances evitará que aquellos que, sin duda, intentarán atemorizarnos ante el progreso científico tengan poder sobre usted. Es algo que ha ocurrido durante toda la historia de la humanidad. La llegada de una nueva tecnología ha levantado múltiples suspicacias y la implantación definitiva de muchas de ellas se ha frenado por motivos anticientíficos e interesados. El miedo vende y la mejor manera de defenderse del temor ante lo desconocido es, precisamente, el conocimiento.

El objetivo de este libro es tan claro como ambicioso: ayudar a las personas a ser más libres, entendiendo la libertad como la capacidad de tomar decisiones basadas en el rigor y no en la mentira. Esa ha sido mi intención al escribir estos diálogos con figuras célebres (cuyos nombres propios omito en ocasiones porque nunca he coincidido con ellas..., aunque me encantaría hacerlo) y personas que tienen un lugar en mi propia vida. Aunque en ocasiones me he tomado algunas licencias creativas, como cenar con la gran científica Piedad de la Cierva, estas «historias de ciencia» buscan que todos miremos al futuro con optimismo y con el deseo de dejarles a nuestros hijos un mundo mejor que el actual.

1

UNA REMOLACHA EN EL ESPACIO

El poeta y político Ramón de Campoamor fue nombrado en 1848 gobernador civil de Alicante, donde realizó grandes obras urbanísticas —como el paseo que lleva su nombre y que donó a la ciudad— y también conoció a la irlandesa Guillermina O'Gorman, una joven dama de acomodada familia. Tras la boda, don Ramón adquirió la Dehesa de Matamoros, un extenso terreno de la costa alicantina al que luego puso su nombre. ¿A qué viene comenzar así una obra dedicada a la divulgación de la ciencia? La respuesta es sencilla. La Dehesa de Campoamor es, desde hace cuarenta y nueve años, el pequeño rincón del Mediterráneo donde planifico todos mis proyectos investigadores, divulgativos y docentes de cada curso... y donde ocurrió la historia que ha dado lugar a este libro.

Desde hace una década, cada 1 de enero me traslado con mi familia a la Dehesa de Campoamor hasta que se reanuda el curso escolar. Este año, mi mujer, Rhut, no pudo venir. Ella también es científica y, para esas fechas, tenía programada una estancia investigadora en una universidad australiana. Se fue a resucitar unas proteínas. Cosas de biólogas. Así que mi hija Ruth y yo hicimos las maletas y estuvimos ocho días en la playa, rodeados de familiares, amigos... y ciencia.

Una de mis grandes lagunas como científico, y como divulgador, es la astronomía. Jamás me ha atraído. Como no quiero que Ruth herede ese tremendo defecto, en agosto de 2018 me documenté y le conté muchas historias acerca de planetas y exoplanetas, galaxias, la carrera espacial, etcétera. Como colofón, decidí que, al llegar el nuevo año, le enseñaría —desde la playa de la Glea— el paso de la Estación Espacial Internacional (EEI) por el cielo de la Dehesa de Campoamor.

Gracias a uno de los mejores comunicadores científicos de la actualidad y gran apasionado de la carrera espacial, Javier Pedreira, alias Wicho, supimos exactamente la hora a la que la EEI pasaría esa noche del 1 de enero de 2019 por encima de nosotros: sería a las 23:45 h. Antes de ir a la playa preparé unos bocadillos que, necesariamente, tenían que ser de atún. Luego, metí en la mochila un balón de fútbol, un cactus y una remolacha. Mi hija estaba tan contenta con la experiencia que no se preguntó las razones por las que escogí esos objetos, tan aparentemente innecesarios para ver la EEI.

De camino a la playa, Ruth se extrañó de que le propusiese entrar en la heladería a comprar un helado, porque siempre es ella quien lo pide y yo me niego. Lo que Ruth ignoraba era que todos mis movimientos formaban parte de una «trampa» que me serviría para hablarle de ocho disciplinas científicas y de uno de los mayores escándalos alimentarios de nuestra época.

Decidimos comprar dos helados de atractivo color rojo. «De fresa», dijo Ruth. Sin embargo, aunque todo el mundo piensa que los helados de fresa llevan zumo de fresa en su composición, en realidad es... ¡zumo de remolacha! Cuando se lo dije, Ruth puso cara de repugnancia y dijo: «Odio el sabor de la remolacha». Pero la función de la remolacha no es dar sabor a los helados, sino color. Y mientras llegaba la EEI, aproveché para hablarle un poco de botánica, la rama de la biología que se ocupa del estudio de las plantas. Mi hija suspiró y me dejó hablar.

—La remolacha común (*Beta vulgaris*) es una planta herbácea del género *Beta* que forma parte de la familia *Amaranthaceae* y procede de otra especie botánica, la acelga marina o bravía (*Beta maritima*), originaria del norte de África. Anual o perenne, ramificada y frondosa, puede alcanzar hasta el metro y medio de alto y sus raíces son delgadas o bien con forma de tubérculo, es decir, grandes y carnosas. En cuanto a sus propiedades nutritivas, la remolacha aporta un moderado contenido calórico y es una buena fuente de fibra. Tras el agua, los hidratos de carbono son su principal componente, por lo que es una de las hortalizas más ricas en azúcares. Rica en minerales como el yodo, el sodio y el potasio, entre sus vitaminas destacan los folatos y varias del grupo B, como B_1, B_2, B_3 y B_6... Anda, Ruth, toma un poco de esta remolacha.

REMOLACHA PARA EL DOLOR DE CABEZA

El cultivo de la acelga marina data del siglo II a. C. y dio lugar a dos hortalizas diferentes: una con follaje abundante, la acelga que conocemos, y otra de raíz gruesa y carnosa, la remolacha. Hoy en día se cultivan numerosas variedades, cuyo color oscila del verde al púrpura-violáceo, entre las que están la remolacha de jardín y la remolacha azucarera, muy importante en la producción de azúcar. Las antiguas civilizaciones, como la romana, solo comían las hojas de la remolacha, mientras que utilizaban la raíz para combatir los dolores de muelas y de cabeza. A partir del siglo XVI el cultivo de la remolacha de mesa fue creciendo y mejorando, con lo que pasó a formar parte de la dieta de ingleses y alemanes. En la actualidad, su consumo está muy difundido por todos los países de clima templado, en especial en Europa, donde Francia e Italia son sus principales productores.

—Muy interesante, papi —dijo mientras miraba la remolacha con cara de asco—, pero, además de decirte que paso de probarla, lo que quiero saber es cuál de estos nutrientes es el responsable de que se le adicione zumo de remolacha a nuestros helados.

—Ninguno de ellos. Ten paciencia y déjame seguir. Las tonalidades violáceas y amarillas que exhiben ciertos géneros de flores (*Bougainvillea, Celosia, Gomphrena, Mirabilis, Portulaca...*), frutas, hongos —como *Amanita* e *Hygrocybe*— y, de forma ocasional, el tejido vegetativo de la mayoría de las plantas del orden de las *Caryophyllales* (que incluye cactus, plantas carnívoras, amarantos, acelga, espinaca, buganvillas) se deben a la presencia de betalaínas, un grupo de pigmentos vegetales que contienen nitrógeno y son solubles en agua. Las betalaínas se acumulan en las vacuolas de las células que las sintetizan, sobre todo en los tejidos epidermal y subepidermal. Hasta el momento se han identificado en la naturaleza más de cincuenta betalaínas, una cifra que aumenta constantemente. Pues bien, el ejemplo más conocido de planta superior con estos pigmentos coloreados corresponde a la raíz de la remolacha roja (*Beta vulgaris*). Y esas betalaínas presentes en la remolacha son las que se usan para dar color a nuestros helados. Además, se dividen en dos grupos: las betacianinas, de color violeta, y las betaxantinas, de color amarillo. Deben su nombre al género de la planta en la que se han descrito, *Beta*, al cual se ha añadido el sufijo *-cianina* (de *kyanos*, «azul» en griego) o *-xantina* (de *xanthos*, «amarillo» en griego). Mediante diferentes procedimientos, las betalaínas se extraen de la remolacha, se purifican y luego se añaden a ese helado, presuntamente de fresa, que te estás comiendo.

—Papá, cuando se añade una sustancia a un alimento para darle color, ¿cómo se llama?

—¿Ahora quieres hablar de ciencia y tecnología de los alimentos?

—No, pero como falta rato para que llegue la EEI, sigue dándome el tostón.

—Vale. Las sustancias que se emplean para dar color a los alimentos se llaman *colorantes*, uno de los grupos más importantes de aditivos. Existen colorantes artificiales, que se sintetizan en el laboratorio, y colorantes naturales, obtenidos de los reinos vegetal y animal. Aunque hay personas que afirman que los aditivos son peligrosos, y más si llevan la letra E, no es así. Los aditivos, los coadyuvantes tecnológicos (sustancias que no se consumen como alimentos en sí mismos, pero se utilizan intencionadamente en la transformación de materias primas o alimentos para cumplir un determinado propósito) y las enzimas son ingredientes sin los que no podríamos consumir muchos de los alimentos disponibles en el mercado. Todos ellos pasan unos controles muy estrictos y, en la Unión Europea (UE), por ejemplo, su efectividad y posible toxicidad son revisadas por la Autoridad Europea de Seguridad Alimentaria (EFSA, por sus siglas en inglés). A pesar de que el «riesgo cero» no existe, podemos consumir alimentos que presenten aditivos en su composición, siempre y cuando se ingieran siguiendo el patrón habitual de consumo de alimentos y se atienda a las indicaciones claramente reflejadas en el etiquetado de los productos que los contienen. Los colorantes, como los que se añaden a nuestros helados, son aditivos que mejoran el color o el aspecto de los alimentos para hacerlos más apetecibles, o bien para reemplazar las pérdidas de color que se producen durante el proceso de elaboración. Sin la presencia de estos colorantes, muchos de los alimentos que diariamente consumimos no serían nada apetecibles desde el punto de vista psicológico, como ocurre con las golosinas, algunos postres, muchas bebidas y especialmente los productos dirigidos al público infantil, que es el colectivo que más se guía por la vista a la hora de comer.

CLASIFICACIÓN DE LOS ADITIVOS

Hay aditivos de muchos tipos, que se agrupan según su función: existen los conservantes, edulcorantes, acidulantes, antioxidantes y un largo etcétera. Una vez que el aditivo es autorizado, recibe el famoso número E que podemos ver en las etiquetas de muchos alimentos y que sirve para identificar y clasificar cada aditivo. De esta forma se pueden agrupar los colorantes (E-100 a E-199); los conservantes (E-200 a E-299); los antioxidantes y reguladores de acidez (E-300 a E-399); los espesantes, estabilizantes y emulsionantes (E-400 a E-499); los reguladores de acidez y pH (E-500 a E-599); los intensificadores de sabor (E-600 a E-699); y los incluidos en la categoría Varios, que abarca desde agentes de recubrimiento y edulcorantes hasta formadores de espuma (E-900 a E-999).

—Precisamente el zumo de remolacha empleado en nuestros helados «de fresa» es uno de los colorantes naturales más usados y, según la normativa sobre aditivos alimentarios, se lo conoce como E-162.

—Entonces, papi, ¿no puede pasarme nada malo si consumo un alimento con E-162?

—A tu salud, no; pero a tu bolsillo, sí. —Mi hija no paraba de preguntar cosas acerca de los aditivos, quizá por haberse tragado demasiados anuncios quimiofóbicos, con eslóganes comerciales como «Sin aditivos» o «Sin conservantes ni colorantes»—. Hay delincuentes que emplean el zumo de remolacha para engañar al resto de la gente. Me refiero al fraude del atún rojo. ¿Has oído hablar de él?

—¡Sí, claro! Todos los días mis amigas y yo hablamos de eso en el patio del cole, ¡no te fastidia! Anda, papi, cuéntame qué tiene que ver con la remolacha y con los bocatas que has preparado...

—Por sus cualidades nutricionales y, sobre todo, por sus características sensoriales —sabor, color, aroma, etcétera—, el atún rojo (*Thunnus thynnus*) se ha convertido en un manjar muy codiciado y su precio supera los 35 euros por kilo (aunque en Japón se han llegado a pagar 2,7 millones de euros por un ejemplar de 278 kg, es decir, a 9.700 euros el kilo). Este *boom* provoca que muchos tramposos vendan en su lugar otras variedades mucho más baratas, como el atún patudo (*Thunnus obesus*), también llamado «monja», y el atún de aleta amarilla (*Thunnus albacares*). De hecho, los expertos dicen que el 40 % de las piezas de atún rojo que hay en mercados, comercios y restaurantes son un verdadero timo. ¿Sabes qué, Ruth? Para engañarnos, los estafadores recurren a un sencillo truco: pintan de rojo esas especies de atún menos caras.

—Ya, con acuarelas...

—No me vaciles. ¡Con zumo de remolacha! Se coge un filete de atún blanco, se introduce en un recipiente hondo, se le añade zumo concentrado de remolacha y se deja macerar unos minutos. En muy poco tiempo, las betalaínas de la remolacha hacen su labor y el atún blanco adquiere un tono rojizo que recuerda al del deseado atún rojo.

—Y dale con la remolacha... ¿No hay forma de distinguir el atún rojo verdadero del falso?

CONSEJO PRÁCTICO

Una buena pista para saber si estamos ante un filete de verdadero atún rojo es observar su color una vez cortado. El atún «tramposo» es más grisáceo, con un color poco uniforme que incluso se acerca al marrón oscuro en los límites del filete. Al corte, por mucho que esté teñido superficialmente con remolacha, esa blancura emerge.

Otra diferencia está en el sabor. El sabor del atún rojo es muy intenso, mientras que el de aleta amarilla tiene menos personalidad.

Y otra buena señal está en el hielo que rodea al pescado en la pescadería: si ese hielo está enrojecido, sabremos que se trata de un atún «tramposo» que ha desteñido.

De repente, mi hija recordó que en la mochila que yo había preparado para nuestra miniexcursión nocturna llevábamos un balón de fútbol.

—Por cierto, ¿no querrás que juegue contigo en la playa a estas horas?

—No, lo he traído para contarte algo sobre nutrición deportiva mientras llega la EEI. ¿Sabías que hace pocos años el Leicester ganó la liga inglesa gracias al zumo de remolacha?

—Lo tuyo con la remolacha, y sobre todo con el fútbol, es tremendo... ¡¡Vaya un científico de pacotilla al que le gusta el fútbol!! —respondió mi hija, a la que este deporte no le interesa lo más mínimo, pero cada vez estaba más intrigada por lo que le contaba.

—El Leicester, un equipo poco conocido que jamás figuraba entre los favoritos a ganar la Premier League inglesa, lo consiguió contra todo pronóstico hace tres años. Sus jugadores estuvieron toda la temporada de 2015-2016 a un nivel físico muy alto. Cuando acabó el campeonato y se hicieron públicas las estadísticas de ese año, se observó que los futbolistas del Leicester eran los que menos lesiones habían tenido, los más rápidos al *sprint,* los que habían tenido una mejor progresión, etcétera. Pues bien, el médico del Leicester descubrió que, a lo largo de toda la temporada, sus jugadores habían sido obligados a consumir... ¡zumo de remolacha!

Todo comenzó cuando un equipo de científicos de la Universidad de Exeter demostró que la ingesta de zumo de remolacha puede mejorar el rendimiento un 5-10 %. Además, esta hortaliza permite que los músculos se recuperen hasta un 10 % más rápido y aumenten la fuerza en un 16 %. Esto sucede porque la remolacha es rica en nitrato, una sustancia que se metaboliza y se convierte en óxido nítrico en el cuerpo y promueve una mayor vasodilatación, es decir, permite que la sangre transporte más nutrientes y oxígeno para los músculos. También contiene betaína, que reduce la fatiga muscular en atletas de alto rendimiento, aumenta la fuerza muscular y reduce la acción inflamatoria. Los resultados de estos estudios muestran que el consumo de remolacha a determinadas concentraciones durante un tiempo significativo mejora precisamente aquellas estadísticas donde los jugadores del Leicester mostraron ser superiores a lo largo de la temporada. Aunque el estudio encontró que esa mejoría es relativamente baja, de un 3,5 %, ese pequeño margen habría bastado para que sus futbolistas alcanzasen el balón antes que un contrario.

—Si tomo muchos helados de fresa, ¿también correré más rápido? ¿Puedo comprar cinco más, papi?

—¡Que jeta tienes! Yo... —De pronto, un punto luminoso en el cielo llamó mi atención—. Mira, Ruth, ¡la EEI está pasando por encima de nosotros!

—¡¡Moola!! ¿Qué comen en la EEI, lo mismo que nosotros en casa? —me preguntó intrigada.

UN LABORATORIO EN ÓRBITA

La Estación Espacial Internacional (EEI) es un centro de investigación en la órbita terrestre cuya administración, gestión y desarrollo están a cargo de la cooperación internacional. La EEI funciona como una estación espacial permanentemente tripulada, en la que rotan equipos de astronautas e investigadores de las cinco agencias del espacio participantes: la Administración Nacional de la Aeronáutica y del Espacio (la NASA estadounidense), la Agencia Espacial Federal Rusa, la Agencia Japonesa de Exploración Espacial, la Agencia Espacial Canadiense y la Agencia Espacial Europea.

—Los astronautas e investigadores que visitan la EEI pasan largas temporadas en ella, y allí arriba no hay hipermercados ni restaurantes donde salir a comer. Además, tienen poco espacio para guardar alimentos. Necesitan un sistema que les permita almacenar los alimentos en poco espacio y sin que pierdan sus propiedades. Y este sistema es la deshidratación de alimentos, que elimina el agua de estos y reduce su peso en un 80 % manteniendo hasta el 98 % de los nutrientes. Así se conservan durante mucho más tiempo, porque se frena el crecimiento de numerosos microorganismos. Y para consumir esos alimentos, solo hay que reconstituir el alimento añadiéndole agua. También se consumen alimentos termostatizados, es decir, que previamente han sido calentados para destruir microorganismos o para inactivar aquellas proteínas que podrían deteriorarlos. Entre ellos destacan sopas, postres y *puddings*. De hecho, la NASA ha recibido autorización especial del Gobierno estadounidense para tratar carne. Aunque no hay todo tipo de comidas en la EEI (¡qué más quisieran los astronautas!), no comen mal. Actualmente pueden disponer de más de trescientos productos diferentes clasificados en entrantes, platos principales, fruta, bebida, pan y dulces. Beben café, té o algunas bebidas con sabor a naranja o limón, pero nada con burbujas. En ocasiones llegan alimentos frescos —como frutas, verduras u hortalizas— procedentes de alguna nave espacial que la visita, pero, para evitar que crezcan microorganismos, se han de consumir rápidamente en cuanto entran en la EEI... Por cierto, uno de los alimentos frescos que se ha llegado a enviar a los astronautas que allí investigan es la remolacha. ¿Quieres, hija?

—Entérate de una vez..., ¡¡odio las remolachas!! Por cierto, ¿sirve para algo gastar un dineral en que se investigue en la EEI?

—Aunque mucha gente se cuestiona el gasto en la exploración espacial, está totalmente justificado por distintas razones. Gracias a la investigación espacial conocemos cómo son los planetas que componen el Sistema Solar y también cómo nuestro comportamiento afecta a esos planetas. Además, la investigación espacial ha contribuido a las comunicaciones, los ordenadores y otros lujos de los que dispone la sociedad actual. La NASA ha colaborado en el desarrollo de materiales para la fabricación de nuevos neumáticos más duraderos o de nuevos sistemas de purificación de agua potable. En esa agencia espacial también se crearon las células solares de silicio, que se usan en las placas solares convencionales. Sin olvidar que la investigación espacial ha tenido mucho que ver en la fabricación de nuevas prótesis, para animales y seres humanos, y de los trajes de los bomberos, capaces de resistir altísimas temperaturas. Las investigaciones realizadas por la NASA han dado lugar también a cosas que forman parte de nuestra vida diaria. Gracias a ellas, podemos disfrutar de los termómetros aurales, esos que nos ponemos en el oído para saber si tenemos fiebre, y de los cómodos colchones que se adaptan al cuerpo y a su forma.

—¡¿Mi colchón es espacial?! —exclamó con los ojos desorbitados.

—Esos colchones están hechos de espuma viscoelástica sensible al calor (*temper foam*), cuya composición tiene una base de poliuretano. Este material fue desarrollado por la NASA en la década de 1970 con el fin de proporcionar un alivio a las molestias que los astronautas sufrían en sus viajes, y por eso ahora se usa también en aviones, vehículos comerciales e incluso parques de atracciones. Y, junto a esos productos, la investigación espacial también ha ayudado al desarrollo de los detectores de humo que se colocan en los sitios donde no se permite fumar. Incluso los programas informáticos que se emplean en las montañas rusas tienen su origen en la carrera espacial. Por cierto, la aspiradora inalámbrica que tenemos en casa tiene su origen en algunas de las tecnologías creadas para las misiones espaciales de la NASA, como la Apolo o la Géminis. Los científicos somos tremendamente curiosos. Nos apasiona descubrir cosas nuevas, conocer lo que nunca antes nadie logró descifrar... y no hay mejor sitio para experimentar esas sensaciones que en el espacio. Aunque no es fácil investigar allí, porque en la EEI no existe la gravedad como todos la conocemos, sino que se encuentra bajo condiciones de microgravedad y todo lo que hay en ella flota.

¿QUÉ ES ESO DE LA MICROGRAVEDAD?

En 1665 el eminente científico inglés Isaac Newton enunció la Ley de la Gravitación Universal, así como las tres Leyes de la Mecánica que llevan su nombre y que sentaron las bases científicas para entender el movimiento de los cuerpos. De acuerdo con lo expresado por estas leyes, se sabe que la aceleración de un objeto cualquiera situado en las proximidades de la superficie terrestre es de 9,8 metros por segundo cuadrado (a este valor lo llamamos aceleración de la gravedad o, simplemente, gravedad) y es el resultado de la fuerza con la que dicho objeto es atraído por la Tierra hacia su centro. A medida que nos alejamos de la Tierra, ese valor comienza a disminuir según la razón inversa del cuadrado de la distancia al centro de nuestro planeta. Así, en rigor, únicamente podríamos afirmar que la gravedad terrestre es cero o nula a una distancia infinita del mismo. Sin embargo, se puede experimentar una sensación similar a la gravedad cero cuando dicha fuerza se ve compensada por otra y esto es lo que sucede, por ejemplo, en la EEI, donde los astronautas sienten algo muy parecido a la ausencia total de peso, pues se puede interpretar que la fuerza centrífuga que actúa sobre la estación y todo cuanto hay en su interior a causa de su movimiento orbital se compensa casi exactamente con la fuerza de atracción de la Tierra. Los astronautas parecen flotar en el interior de la EEI en un estado de «microgravedad» o «ingravidez», términos que suelen usarse como sinónimos habitualmente. Una sensación análoga la sentiríamos si descendiésemos en un ascensor y, repentinamente, alguien cortase el cable.

—¿Y no les pasa nada a los científicos?

—Trabajar en microgravedad —le expliqué a Ruth— tiene ventajas respecto a hacerlo en un laboratorio convencional, pues permite entender algunas cuestiones fundamentales y mejorar y optimizar ciertos procesos físicos, químicos y biológicos. También sirve para conocer con exactitud, o en un periodo de tiempo inferior, ciertos procesos que están habitualmente enmascarados por la gravedad. Por ejemplo, en microgravedad se pueden acelerar ciertas patologías relacionadas con el envejecimiento, lo que permite estudiar en poco tiempo cómo se producen determinadas enfermedades que ocurren cuando somos mayores e investigar nuevos fármacos para combatirlas. Pero trabajar mucho tiempo en condiciones de microgravedad también tiene sus inconvenientes, ya que puede afectar negativamente a la salud. Hay muchos estudios que muestran como las personas que pasan mucho tiempo en la EEI pueden sufrir trastornos fisiológicos, neurológicos, musculares, inmunológicos... ¿Sabes quién está investigando para desarrollar nuevos fármacos que mejoren la salud de los astronautas? Tu padre...

—¿Tú solo?

—Un investigador solo no hace nada, Ruth. En los centros de investigación se trabaja en equipo formando grupos multidisciplinares e interdisciplinares. En nuestro grupo de Bioquímica y Biotecnología Enzimática, en la Universidad de Murcia, hay químicos, bioquímicos, biotecnólogos, biólogos... Y entre todos hemos realizado investigaciones preliminares para diseñar un fármaco que pueda ayudar a los astronautas a no ponerse enfermos.

—¡Qué guay! ¿Y qué lleva ese fármaco?

—Remolacha...

No quería mirar a mi hija a la cara tras citar su palabra maldita. Temía su reacción y su siguiente pregunta:

—¿Remolaaaacha? ¿Te estás riendo de mí? ¿La odiosa remolacha puede ayudar a los astronautas?

—Jamás me río de ti, Ruth. Y sí, la remolacha, y más concretamente sus betalaínas, pueden emplearse para diseñar fármacos que combatan los problemas derivados de las condiciones de microgravedad en las que viven los astronautas. En ello estamos investigando, pero no hay que echar las campanas al vuelo. En investigación hay que ser prudentes en todo momento y no prometer falsas expectativas. De eso ya se encargan los curanderos, videntes y demás impresentables. A las betalaínas de la remolacha se les están descubriendo diversas propiedades saludables gracias a su intensa actividad biológica. Nuestro grupo de investigación ha demostrado que estos pigmentos que dan color rojizo a los helados «de fresa» tienen una alta actividad antioxidante. También protegen a los glóbulos rojos de la sangre contra el daño oxidativo y la hemólisis. Sabemos también que las betalaínas participan en la eliminación del ácido hipocloroso, un producto de la enzima mieloperoxidasa implicado en la respuesta inflamatoria. Además, varios trabajos relacionan las betalaínas de la remolacha con la quimioprevención del cáncer y con el sistema inmunológico. Una de las explicaciones se basa en el potencial de las betalaínas para inhibir la acción de dos enzimas, la ciclooxigenasa y lipoxigenasa, relacionadas con procesos inflamatorios. Si logramos que estas dos enzimas no funcionen bien, podríamos conseguir que algunos cánceres no se produjesen.

—Siempre hablas de «tus» enzimas.

—Las enzimas, con las que empecé mi carrera investigadora en el año 1993, son unas proteínas que, a grandes rasgos, hacen que algunas reacciones químicas se produzcan más rápidamente de lo normal. Estamos hablando de bioquímica. En los últimos treinta años he trabajado con enzimas de nombres muy raros, como peroxidasa, polifenoloxidasa, lacasa y otras muchas. Entre ellas le tengo un gran cariño a la ciclooxigenasa, responsable de la formación de unas importantes moléculas relacionadas con el dolor y la inflamación. Algunos medicamentos que tenemos en casa, como la aspirina o el ibuprofeno, «fastidian» a esta enzima y logran así que se alivien los molestos síntomas de la inflamación y el dolor. Pues bien, en los últimos tiempos se están buscando otros tipos de biomoléculas con carácter antiinflamatorio que inhiban la acción de esta enzima. Resumiendo a muy grandes rasgos: en determinadas condiciones, que no son las de los helados que consumimos habitualmente, los pigmentos de la remolacha pueden tener un efecto similar al de ciertos medicamentos. La otra enzima relacionada con los procesos inflamatorios es la 5-lipoxigenasa, una enzima humana que transforma los ácidos grasos en unas moléculas llamadas leucotrienos. Debido a que estas moléculas también están relacionadas con los procesos inflamatorios, la búsqueda de fármacos con capacidad para inhibir la 5-lipoxigenasa también es el objetivo de diferentes tratamientos farmacológicos relacionados con cardiopatías, asma, trastornos neuropatológicos y otras enfermedades.

—¿Qué relación tienen la EEI y los astronautas con las enzimas lipoxigenasa y ciclooxigenasa?

—Un grupo de investigación italiano envió dos muestras de sangre sanas a la EEI. Una de ellas estuvo expuesta al ambiente de ingravidez, mientras que la segunda fue colocada en una máquina centrífuga que de forma artificial simulaba la gravedad terrestre. Los dos tubos fueron congelados y enviados de vuelta a la Tierra. Su análisis fue comparado con el de otras muestras de sangre que no habían viajado al espacio. Se descubrió entonces que la lipoxigenasa presente en humanos se altera en un ambiente de ingravidez. El análisis de varias muestras de sangre reveló que esta enzima se vuelve más activa en el espacio, lo que produce un debilitamiento del sistema inmunológico de los astronautas que están en la EEI. Por tanto, hay que encontrar nuevas moléculas (como las existentes en la remolacha) que sean capaces de inactivar la lipoxigenasa, es decir, que impidan su acción o que, al menos, ralenticen su actividad. Y esas nuevas moléculas podrían aplicarse tanto a los astronautas en microgravedad como a muchísimas otras personas.

—¿Me vas a decir ahora, papi, que los colorantes usados en nuestros helados y que proceden de la remolacha son capaces de impedir la acción de estas enzimas y de mejorar el sistema inmunológico de los astronautas?

—Más o menos... Así lo hemos demostrado en nuestros laboratorios empleando técnicas de análisis instrumental, sobre todo la espectrofotometría, y de química computacional.

—¡Vaya tela con la remolacha! ¿Nos vamos ya a casa?

—Sí, y hagámoslo antes de que lleguen los murciélagos.

—¡¡¡¿Qué?!!!

El susto que se dio mi hija cuando apareció el primer murciélago fue tremendo. Aunque le encantan los animales, hay algunos «bichos» que no soporta.

—¡Aaaah! ¡Qué asco! ¡Quítame este bicho ciego de encima!

—¿Ciego? Los murciélagos ven incluso de noche, Ruth...

NI RATONES NI CIEGOS

El orden de los quirópteros (*Chiroptera*), más conocidos como murciélagos, está formado por mamíferos placentarios cuyas extremidades superiores se desarrollaron como alas. Aunque pocos quirópteros lo son completamente, en la Antigüedad predominaba la creencia de que los murciélagos eran ciegos (su nombre común deriva del castellano antiguo *murciégalo*, procedente a su vez del latín *mur caeculus*, «ratoncito ciego»). Sin embargo, aunque los ojos de la mayoría de ellos son pequeños, están poco desarrollados y tienen una baja agudeza visual, no se puede decir que sean ciegos. Estos mamíferos poseen diferentes fotorreceptores, ya sea para la visión nocturna o la diurna.

—Muy bien, pero si aquí no suele haber murciélagos..., ¿qué hace este aquí?

—Tú lo has atraído, querida.

—¿Yooo?

—Sí, ¿quieres saber cómo? El murciélago que te incordia es un quiróptero muy especial, llamado *Glossophaga soricina*, y ha acudido para polinizar el cactus que he traído hasta aquí..., aunque reconozco que me extraña verlo por estos lares al ser un murciélago tropical. La polinización es el proceso de transferencia del polen desde los estambres hasta el estigma, la parte receptiva de las flores en las plantas angiospermas. Una vez que el polen llega al estigma, germina y fecunda los óvulos de la flor, comienza la producción de semillas y frutos. Esta polinización es imprescindible para la supervivencia de muchas especies. Pues bien, el transporte del polen se realiza mediante vectores abióticos (es decir, «no vivos», como el agua o el viento) o bien a través de vectores bióticos («vivos», como aves, insectos y... murciélagos). El *Glossophaga soricina* es capaz de polinizar cactáceas, la familia conocida como cactus, únicamente en unas condiciones muy especiales. Aunque existen varios tipos de murciélagos que se alimentan del néctar de las plantas que emiten luz en el espectro ultravioleta, el que sobrevolaba tu cabeza solamente es capaz de percibir luz cuya máxima longitud de onda no se encuentra en el ultravioleta, sino en el espectro visible. El murciélago *Glossophaga soricina* tiene un único receptor de luz, con una sensibilidad máxima a la longitud de onda de 510 nanómetros (un nanómetro es la millonésima parte de un milímetro), que es precisamente la longitud de onda del espectro visible a la que emiten las betaxantinas presentes en el cactus que yo había llevado. Esto podría explicar que este animal solamente sea capaz de polinizar las plantas que emiten fluorescencia a esta longitud de onda..., porque es la única luz que logra ver. Y los pigmentos del cactus que atraen a estos murciélagos son sus betalaínas, las mismas que se pueden encontrar en... la remolacha. La emisión de luz por parte del cactus gracias a sus betalaínas opera a modo de señal. Mientras que en otras plantas, como la remolacha, no desempeñan ninguna función visual, sino de regulación osmótica y de almacenaje de compuestos nitrogenados, en el cactus se convierte en un potente faro para orientar a los murciélagos hacia ellos. ¿A que has flipado, Ruth? Anda, vámonos.

—Vale. Pero, antes de acostarme, deja que cuente en mi

diario todo lo que me has contado hoy. ¡Pero no se te ocurra mirarlo jamás!

Evidentemente, mientras ella dormía, no pude resistir la tentación y leí lo que había escrito:

> Gracias a aguantar la paliza que, con la excusa de llevarme a ver el paso de la EEI por la playa alicantina de la Dehesa de Campoamor, me ha dado mi padre sobre botánica, bioquímica, zoología, fisiología vegetal, biomedicina, física, nutrición, farmacología y fraudes alimentarios, mañana me vas a comprar otro helado de fresa... o si no le contaré a todo el mundo que por las noches abres el diario de tu hija, ¿verdad, papá?

2

EL SUEÑO DE LOS MAGUFOS

El sentimiento de culpa que me invadió tras leer el diario de Ruth no me dejó conciliar el sueño. Tardé horas en caer rendido, pero, al despertar, me llevé una gran sorpresa. La Dehesa de Campoamor se había vestido de gala para acoger un congreso internacional de *marketing* en el que intervenían famosos que prestan su imagen para anunciar muchos de los alimentos, cosméticos y tratamientos alternativos que llevo desmontando científicamente desde hace años.

Deportistas, cantantes, cocineros, presentadores de televisión, actores, futbolistas... Jamás nuestro rincón del Mediterráneo había recibido a tanta gente conocida. Después de presentarme e intercambiar unas palabras, a casi todos les pedí que se hiciesen un *selfie* conmigo. Unos aceptaron a regañadientes, otros se negaron rotundamente. Aunque al principio no entendía su rechazo, deduje que a lo mejor se debía a los comentarios negativos que les hice acerca de los productos o terapias que publicitaban.

El primer famoso al que me dirigí fue un baloncestista español, uno de los mejores de la historia. En esa época promocionaba junto a una estrella de la natación, también española, una cerveza sin alcohol e isotónica. Según el fabricante y sus publicitarios, dicha bebida está hecha únicamente con ingredientes naturales y ayuda a la recuperación tras la práctica deportiva. Los anuncios aseguran, además, que su formulación nutritiva, especialmente su composición en minerales, es fantástica.

Si todo esto es cierto, ¿por qué la Sociedad Española de Medicina del Deporte (Semed) y el Consejo General de Colegios Oficiales de Médicos (OMC) llevan advirtiendo desde 2016 que las cervezas isotónicas en general —sin especificar la marca— no son recomendables para los deportistas?

BEBIDAS CON CRITERIOS CIENTÍFICOS

En un informe presentado en 2016, la Semed y la OMC afirman que las bebidas recomendadas para prevenir la deshidratación y la fatiga durante (y después de) la práctica deportiva deben presentar una composición específica, basada en criterios científicos. Sus objetivos fundamentales son tres: aportar hidratos de carbono que mantengan una concentración adecuada de glucosa en sangre y retrasen el agotamiento de los depósitos de glucógeno; reponer electrolitos —sodio, principalmente—; y aportar líquido para evitar la deshidratación.

La OMC y la Semed concluyeron que la cerveza isotónica no es recomendable durante la actividad física y deportiva en ningún caso. Sin embargo, el Ministerio de Sanidad, a través de la Agencia Española de Consumo, Seguridad Alimentaria y Nutrición (Aecosan), afirmó que llamar «isotónica» a una cerveza no contraviene ninguna normativa ni atribuye al producto propiedades saludables. Quiero suponer que usted y yo coincidimos en que, por muy legal que sea, no parece adecuado.

Además de no cumplir con los criterios y garantías necesarios para ser recomendada, la cerveza isotónica constituye una forma de entrada al consumo de alcohol de los más jóvenes. En el citado informe se advierte que utilizar a ídolos deportivos como estímulo y referencia para que los niños y adolescentes que practican deporte se acostumbren al sabor de la cerveza es, desde todo punto de vista, rechazable y constituye un nuevo ejemplo de publicidad con una clara intencionalidad subliminal contraria a la promoción de la salud.

Según el consenso científico, las bebidas isotónicas tienen que cumplir una serie de requisitos:

- deben aportar entre 80 y 350 kilocalorías por litro;
- al menos el 75 % de sus calorías deben provenir de hidratos de carbono con un alto índice glucémico (glucosa, sacarosa, maltodextrinas);
- no pueden suministrar más de un 9 % de hidratos de carbono, es decir, unos 90 gramos por litro;
- deben aportar entre 460 y 1.150 miligramos de sodio por litro;
- su osmolaridad —la concentración de solutos en disolución— debe estar entre 200 y 330 miliosmoles por kilogramo de agua.

—Venga, vale, por esa información me haré una foto contigo —me dijo el famoso baloncestista—. Pero que conste que la cerveza isotónica a la que presté mi imagen se ajusta a la normativa legal.

—Yo no he dicho lo contrario —respondí—, pero que una figura como tú anuncie esos productos puede confundir claramente al consumidor. No discutamos más, ¡vamos con ese *selfie*!

Muchas personas creen que «bebida isotónica» y «bebida

energética» son sinónimos. Es un error de bulto. Por eso, cuando me encontré con un archiconocido as del motociclismo, adorado por millones de niños, adolescentes y adultos en todo el mundo, le pregunté por qué publicitaba bebidas energéticas cuya composición es nefasta para sus seguidores más jóvenes. De hecho, muchos ídolos de los adolescentes promocionan hábitos alimentarios poco saludables, que contribuyen a la epidemia de obesidad infantil y juvenil que, en muchas partes del mundo, ya se considera una crisis de salud pública.

—Pero no es culpa mía y, además, no sé de qué me hablas —me respondió el piloto italiano.

—Pues deberías saberlo. Es tu obligación estar enterado de aquello que publicitas. Tienes un gabinete que te asesora y tú cobras por ello.

UNA BOMBA PARA LA SALUD

Las bebidas energéticas pueden alcanzar los 75 gramos de azúcar, el equivalente a quince sobrecitos de los que nos dan con el café. Es el triple del azúcar añadido que la Organización Mundial de la Salud (OMS) permite que se ingiera al día. En otras palabras, una sola bebida energética contiene casi todo el azúcar añadido que una persona debería consumir como máximo en tres días. Más la misma cantidad de cafeína que tres cafés solos y una serie de moléculas (carnitina, taurina, etcétera) que no proporcionan ninguna propiedad saludable al organismo. Además, al mezclar las bebidas energéticas con alcohol, como hacen muchísimos adolescentes, el riesgo sobre la salud se dispara peligrosamente.

Según datos oficiales de la EFSA, en la Unión Europea el 68 % de los jóvenes de entre 10 y 18 años de edad consume bebidas energéticas. Entre ellos, el 12 % presenta un consumo crónico alto, ¡hasta siete litros o más al mes!, y otro porcentaje similar declara beber ¡hasta 1,5 litros de una sola vez! Pero hay unas cifras aún más alarmantes (y tristes): el 18 % de los niños de entre 3 y 10 años consume bebidas energéticas; de ellos, el 16 % bebe en torno a ¡4 litros al mes! Y luego nos echamos las manos a la cabeza cuando leemos las preocupantes cifras de obesidad infantil y adolescente.

Una respuesta para frenar el preocupante consumo de bebidas energéticas y azucaradas es incrementar los impuestos sobre ellas. De hecho, ya hay estudios que muestran una reducción del consumo de azúcar en la población adolescente en aquellas zonas donde se ha aplicado esta medida. Un trabajo llevado a cabo por asesores científicos de la OMS muestra que elevar el precio de productos con un demostrado impacto negativo en la salud, como las bebidas azucaradas, contribuye a frenar el avance de ciertas enfermedades crónicas —diabetes, obesidad, caries y otras patologías—, que cada año causan siete de cada diez muertes en todo el mundo.

Ese mismo trabajo afirma que tales impuestos afectan más a las familias con menos recursos, pero concluye también que, al ser estas las que más rápido dejan de comprar estos productos cuando sube el precio, esta medida hace que su salud mejore. Un buen ejemplo es el de México, un país con una elevada tasa de obesidad y diabetes, donde se aprobó un impuesto sobre las bebidas azucaradas en enero de 2014. A finales de ese mismo año, el consumo total de estas bebidas se había reducido un 12 %. La caída fue mayor en los hogares con menos recursos, donde se alcanzó el 17 %), mientras los más ricos no dejaron de comprarlas. Al mismo tiempo, la venta de agua y otras bebidas sin impuestos aumentó un 4 %.

Aparte de los beneficios de estos impuestos para la salud, debe tenerse en cuenta que, en algunos países, buena parte de los ingresos por la venta de estos productos se dedica a programas de prevención de enfermedades crónicas y a fomentar hábitos saludables entre las personas de menor edad.

¡DEFENDAMOS NUESTRA SALUD!

Al igual que ocurre con el tabaco o las bebidas alcohólicas, se debería prohibir la venta de bebidas energéticas a menores de 18 años. Y los famosos, sean deportistas, cantantes, actores o *influencers*, no deberían publicitar productos que suponen un riesgo para la salud de los millones de consumidores que los tienen como un ejemplo que seguir. ¿Recuerda usted cuando se prohibió que las marcas de tabaco patrocinaran el automovilismo? Pues lo mismo habría que hacer con estas bebidas y los deportes como el motociclismo.

Mientras me hacía otro *selfie* con el genial campeón de motociclismo, vi pasar al mejor futbolista de la historia. Me acerqué a él para charlar un ratito, aunque quizá no comencé del mejor modo:

—Hola. Eres un dios del balón, pero también le das patadas al rigor científico con demasiado frecuencia. ¿Te puedo preguntar por qué lo haces?

—¿Pero vos quién sos, boludo? ¿A qué te referís?

—Hace unos años sufriste una serie de lesiones musculares y entraste en una racha negativa. De pronto, empezaste a sentirte mejor y resurgiste. Según varios medios de comunicación, se debió, en parte, al trabajo de un italiano especializado en la prevención de lesiones. Me he informado y dicen que utiliza un método que combina flores de Bach, kinesiología holística, terapia emocional y una dieta equilibrada.

—Ah, sí. Me fueron muy bien todos esos tratamientos, pibe.

—¡¡No me seas magufo!! —le repliqué enfadado.

—¿Magu... qué?

—Magufo. Es un término, resultado de combinar las palabras *mago* y *ufólogo*, con el que las personas escépticas de las pseudociencias se refieren informalmente a astrólogos, ufólogos, homeópatas y demás practicantes de estas en general. Y también se aplica a quienes se atribuyen poderes sobrenaturales, como los psíquicos y otros supuestos dotados.

—¡Pelotudo!

—No te enfades, por favor. No hay ninguna evidencia de que esas flores de Bach que te administraron (38 preparados a base de esencias de flores, plantas, árboles silvestres y agua de manantial que, supuestamente, influyen en la actitud que un individuo toma ante distintas situaciones cotidianas) puedan mejorar las afecciones musculares, como tampoco lo hacen la kinesiología holística o la terapia emocional.

—Pues a mí me funcionó...

—No, lo que a ti te funcionó fue, entre otras cosas, el cambio de dieta. Tú mismo has reconocido varias veces que te alimentabas de pizzas, refrescos azucarados y otros alimentos procesados inadecuados. Sin embargo, los nutricionistas que te rodean te obligaron a rechazarlos y a incluir en tu dieta fruta, verdura, agua y otros alimentos mucho más saludables que la comida rápida a la que estabas acostumbrado. En tu caso, lo realmente efectivo fue el cambio de dieta y de hábitos, no todas esas pseudociencias. Y por eso tu forma física mejoró significativamente.

—Me has convencido, pibe, hagámonos el *selfie*. Anda, ¡mira quién viene por ahí!

EL GRAN RIESGO DE LOS TRATAMIENTOS PSEUDOCIENTÍFICOS

Ningún tratamiento es totalmente inocuo. Cuando una persona combina ambos tipos (por ejemplo, la homeopatía y la farmacología) y siente la evidente mejoría debida al tratamiento efectivo (la farmacología), al final puede decidir abandonarlo y seguir con el no efectivo (la homeopatía), lo que quizá tenga consecuencias fatales. Cuando alguien no es consciente de que el tratamiento efectivo es el fármaco y decide dejar uno de los tratamientos, siempre abandona aquel que tiene peor fama, quedándose con el que mejor nombre tiene («terapia alternativa» suena mejor que «tratamiento farmacológico» o «químico»). Ya hay estudios que demuestran esta teoría.

Se acercaba a nosotros otro gran futbolista, un *crack* brasileño nacionalizado español y famoso por sus malas pulgas. Años atrás, había sufrido una lesión pocos días antes de una final decisiva y, ansioso por recuperarse a tiempo, se había puesto en manos de la «Doctora Milagro». En la web de esta singular «doctora» serbia se lee que su tratamiento no consiste en infiltrar muscularmente al futbolista ni administrarle un suplemento alimenticio, sino en aplicar un masaje con un gel elaborado con sustancias activas y naturales, principalmente placenta de yegua, acompañado con descargas eléctricas. Según la prensa británica, las tarifas de la «Doctora Milagro» rondan los 3.000 euros por sesión, y ya en 2009 fue investigada por las autoridades serbias por carecer de las licencias adecuadas y por evasión de impuestos. La comunidad investigadora se echó las manos a la cabeza al enterarse de las características del tratamiento al que se sometía el conocido delantero. Evidentemente, aquello fue un desastre. Transcurridos unos pocos minutos desde el inicio del partido, se resintió de su lesión y tuvo que ser sustituido. Sus esperanzas se fueron al traste y su equipo perdió aquella final.

Reconozco que, intimidado por su carácter, pensé que era mejor no recordarle su experiencia con la placenta de yegua y dejé el *selfie* para otra ocasión. Mientras me alejaba de ambos futbolistas, decidí acercarme al deportista olímpico más condecorado de todos los tiempos, un nadador estadounidense.

—Hola, ¿te has dado hoy tu sesión de *cupping*? Todo el mundo habla de los moratones que las ventosas te dejan por todo el cuerpo.

—Se trata de una técnica utilizada en la medicina china tradicional, la ventosaterapia. Con ella se logra la libre circulación del *qì* (o *chí*) y de la sangre, lo que cura diversas dolencias y ayuda a la recuperación muscular tras el ejercicio.

—¿El *qì*? —pregunté con cierta sorna.

—Es el flujo vital de energía, un concepto de la medicina tradicional china relacionado con la filosofía. En la ventosaterapia también se pueden emplear copas (*cups* en inglés) o recipientes de vidrio, de diferentes tamaños, que son calentados para ser colocados en determinadas partes del cuerpo. Al aplicarlos, se crea un vacío que absorbe la piel hacia su interior, atrayendo la energía (el *qì*) y el flujo sanguíneo, de ahí los moratones, a ese punto específico.

—Siento decirte que las evidencias científicas no apoyan ese difuso concepto del «flujo vital de energía». En el mejor de los casos, esta técnica puede calmar levemente el dolor cuando se combina con otros tratamientos únicamente en afecciones como el herpes zóster o la parálisis facial. Aunque este tratamiento es seguro, salvo que lo hagas de forma inapropiada, no mejora el rendimiento deportivo. Pero si te empeñas en caer en las garras de la ventosaterapia, por 30 euros puedes comprarte toda la supertecnología necesaria para tu propio *cupping.*

—Eso díselo a ese astro del fútbol que está detrás de ti, él también usa las ventosas —me dijo, señalando a un famoso delantero brasileño, tan conocido por su azarosa vida y su gusto por las fiestas como por su juego.

—Para él tengo otras preguntas. Ahora ponte de espaldas para que los moratones salgan en el *selfie.*

Sin más dilación me dirigí hacia el futbolista e inicié una agradable conversación con él.

—Hola. Oye, tú le pegas a todo: practicas el *cupping* y el *kinesiotaping* o vendaje neuromuscular (¡qué bonitas son esas cintas adhesivas de colores!), publicitas bebidas energéticas... Pero lo que me intriga es esto: ¿por qué usas tiritas nasales para jugar al fútbol?

—Porque favorecen una suave apertura extra de los orificios nasales que facilita la entrada de aire a los pulmones cuando los conductos se encuentran obstruidos. Las hay de muchos tipos. Yo, como soy un monstruo del fútbol, uso las de tipo *advanced.* Su diseño es más anatómico, ya que la parte inferior es más ancha que la superior, y así se adaptan mejor. Al tener mayor superficie de contacto, las fosas nasales se abren más.

—No sé cómo decirte esto... Un equipo de investigadores de la Universidad de Buffalo ha demostrado que esas tiritas facilitan la entrada de aire en las fosas nasales en ejercicios de intensidad baja y moderada, como hacer *footing* o montar en bicicleta a ritmos bajos, pero no ayudan a incrementar el rendimiento en actividades deportivas de alta intensidad..., como es tu caso. Es lo que hay.

—Como sigas por ahí, me tiro rodando al suelo y pido penalti. Anda y vete a molestar a ese otro futbolista, que se cree mejor que nadie.

Sin pensármelo dos veces, me fui al encuentro del guapo, rico y envidiado dios del balón.

—Perdona que te importune, pero tú, como muchos de tus colegas, recurres a todo tipo de extraños productos para mejorar el rendimiento deportivo. Me gustaría centrarme en las pulseras Power Balance que llevabas en todos los partidos y que tanta polémica levantaron.

—Poseían un holograma que funcionaba a través de frecuencias que se encuentran en nuestro ambiente natural, de las que conocemos sus efectos positivos en el campo de la energía del cuerpo. Esto me ayudaba a desarrollar el equilibrio, la flexibilidad, la fortaleza y el bienestar general. Por eso soy el mejor.

—Ya... Pero diversos estudios científicos han demostrado que los productos de Power Balance no tienen ningún efecto.

LA ESTAFA DE POWER BALANCE

Unos estudios realizados en el Instituto Biomecánico de Valencia mostraron que las pulseras «mágicas» comercializadas por la empresa estadounidense Power Balance eran completamente ineficaces. Como muestra se seleccionó un grupo de estudiantes, con una media de 23,3 años, que tuvieron que realizar dos pruebas de equilibrio. La primera consistía en analizar el desplazamiento del centro de gravedad del sujeto mientras este se sostenía durante un minuto sobre el pie dominante, con el talón del otro pie sobre el borde superior de la rótula. En la segunda, debían mantenerse firmes con un pie delante del otro y los ojos cerrados. Estas pruebas se hacían unas veces con pulsera y otras sin ella. Además, a la mitad de las pulseras se les quitó el holograma que, supuestamente, les proporcionaba su poder. Las zonas del holograma fueron tapadas, de manera que ni la persona que estaba realizando la prueba ni el investigador fuesen conscientes de qué pulseras tenían y cuáles no.

Los resultados fueron esclarecedores: las pulseras Power Balance no tenían ningún efecto. En España, la empresa fue denunciada en 2010 por publicidad engañosa y por comercializar, como medicamento, un producto no autorizado por el Ministerio de Sanidad. Y, por si quedaba alguna duda, en noviembre de 2011 la empresa fue condenada por estafa en Estados Unidos y obligada a indemnizar con 57 millones de dólares a un grupo de consumidores.

—Me da igual lo que digan, soy el mejor jugador de la historia. De todas formas me privan las fotos, así que voy a hacerme un *selfie* contigo.

—Claro, claro, el mejor... ¿Y qué piensas del *kinesiotaping* y sus cintas?

—Me marcho, tengo sesión de peluquería y luego de fotografía. Allí tienes a un célebre tenista serbio que las utiliza, habla con él.

Dicho y hecho. Antes de pedirle al tenista que se hiciera una foto conmigo, le pregunté por qué se ponía aquellas cintas de colores tan bonitos en las piernas.

—Para prevenir lesiones. Gracias a su elasticidad, las cintas (o *kinesiotape*) contienen el músculo y previenen las hiperextensiones. Colocadas debidamente, tensan y elevan ligeramente la piel, con lo que mejoran la circulación local y el drenaje de los tejidos. Al reducirse la tensión en la zona, se descomprime el espacio y el dolor disminuye. Además, son guais.

MARKETING EMPRESARIAL

En los Juegos Olímpicos de 2008, celebrados en Pekín, la empresa estadounidense Kinesio Holding Corporation regaló a los mejores deportistas del mundo, pertenecientes a 58 países, 50.000 rollos de unas llamativas cintas elásticas de colores. El éxito de esta estrategia publicitaria fue brutal. Desde esa fecha, muchísimos deportistas de élite —tenistas, futbolistas, baloncestistas, atletas...— comenzaron a emplearlas. Aunque su eficacia es nula o insignificante, hoy se venden en todo el mundo.

—No digo que no sean monísimas, pero no funcionan como tú crees. Un ligero masaje proporciona a tu organismo las mismas ventajas que esas cintas. Un grupo de investigadores mostró que el uso de estos vendajes en personas aquejadas de tendinitis o de pinzamientos no disminuye el dolor. En deportistas sanos no tienen ningún efecto y, lo que es peor, si se aplican como sustituto de otros tratamientos que sí han demostrado ser efectivos, el resultado puede ser un agravamiento de la lesión. Lo que no hay que confundir son esas cintas de colores con las medias compresoras que también se usan mucho en infinidad de deportes como el baloncesto, el fútbol y, por supuesto, el tenis.

—¿Sirven para algo las medias compresoras?

—Como medida de recuperación, sí. Ayudan a reducir los niveles de lactato, favorecen la circulación y reducen el dolor después del ejercicio. Incluso también si las utilizas antes de la competición. Pero llevarlas durante el rendimiento físico, como hacen algunos deportistas, es innecesario. Anda, olvídate ya de las *kinesiotape*...

—Lo haré... y también de nuestro *selfie*—me respondió el tenista—. A ver si eres tan valiente con uno de los mejores tenistas españoles de la actualidad, que también hace publicidad de las pseudociencias. Ahí lo tienes.

Reconozco que me puso en un brete. El tenista que se acercaba no es solo un icono deportivo, sino también una persona que, con su continua demostración de valores humanos, se ha ganado el respeto de todo el mundo, incluido el mío, por supuesto. Sin embargo, y siempre desde mi punto de vista, se ha equivocado a la hora de publicitar determinados productos destinados a mejorar la salud articular.

—Hola, gracias por toda tu labor dentro y fuera de las pistas —le dije al tenista en cuanto lo tuve delante—. Quiero hacerme un *selfie* contigo para enseñárselo a mi suegra. No deja de repetirme que tú hubieses sido su yerno ideal, no yo. Pero antes me gustaría hacerte una pregunta. Sé que a lo largo de tu carrera has tenido muchas lesiones relacionadas con tu salud articular: tus huesos y músculos han sufrido mucho. Pero cuando prestas tu imagen para publicitar suplementos deportivos enriquecidos con colágeno, por ejemplo, ¿por qué lo haces?

—Tengo entendido que en el funcionamiento de nuestro cuerpo intervienen muchísimas proteínas. Una de las más destacables es el colágeno, que supone más del 25 % del total de las que componen el organismo y forma parte de las fibras presentes en numerosos tejidos como articulaciones, huesos, piel, músculos y tendones, a los que aporta resistencia y flexibilidad. Estas dos propiedades están directamente relacionadas con el desgaste del tejido cartilaginoso que llevo sufriendo en los últimos años y su importancia en patologías como tendinitis, artrosis y condromalacias está demostrada científicamente. Este colágeno procede de dos fuentes: se puede sintetizar endógenamente —es decir, lo «produce» nuestro propio organismo— o bien se obtiene de la dieta. Si optamos por esta segunda opción, hay dos alternativas: la dieta tradicional (pollo, pescado, carnes rojas, etcétera) o los innumerables complementos alimenticios que se venden en parafarmacias, herboristerías y establecimientos similares.

—Perfecto, lo has clavado. Pareces bioquímico. Pero ahora viene la pregunta clave: ¿mejora nuestra salud articular si ingerimos alguno de los famosos suplementos de colágeno que tan de moda están?

—Dímelo tú.

—Pues va a ser que no. La EFSA ha sido contundente. Según su Grupo de Expertos en Nutrición, Alergias y Dietéticos no existe relación causa-efecto entre el consumo de colágeno y el mantenimiento de las articulaciones.

—¿Y el ácido hialurónico que también contienen los suplementos que publicito? ¿No es un polisacárido que presenta función estructural y que está formado por cadenas de carbohidratos complejos? Según tengo entendido se encuentra en altas concentraciones en las articulaciones, los cartílagos y la piel, presentando una textura muy viscosa. Además se emplea comúnmente en el campo de la medicina, donde se suele emplear con éxito como material de relleno en cirugía y odontología estética.

—Todo eso también es correcto, pero volvemos al *quid* de la cuestión: ¿tiene alguna utilidad la ingesta de suplementos de ácido hialurónico? No. Según el máximo organismo europeo de alimentación el consumo de estos productos no tiene ningún efecto sobre el mantenimiento de las articulaciones ni tampoco evita la deshidratación de la piel. Es lo que hay.

—No me digas que el sulfato de condroitina tampoco sirve para nada. Me he informado de que este compuesto se trata de un glucosaminoglucano sulfatado compuesto por una cadena de disacáridos de N-acetilgalactosamina y N-ácido glucurónico alternados que forma parte de la mayoría de los tejidos de vertebrados e invertebrados. Lo encontramos en piel, vasos sanguíneos, ligamentos y tendones, donde su principal función es aportar al cartílago propiedades mecánicas y elásticas, además de buena parte de su resistencia a la compresión.

—Siento decírtelo, pero la EFSA incluso ha emitido informes negativos sobre la falta de evidencias que relacionen la ingesta oral de alimentos o suplementos ricos en sulfato de condroitina con la mejora de las articulaciones.

—Entonces, ¿cómo se permite que los productos que yo publicito pongan en sus envases que ayudan a diversas funciones relacionadas con la salud articular?

LA ESTRATEGIA DEL ASTERISCO

Consiste en añadirle al producto el 15 % de la cantidad diaria recomendada (CDR) de algún micronutriente (vitamina o mineral). Esto, según los reglamentos europeos vigentes, permite a los suplementos alimenticios publicitar determinadas alegaciones saludables relacionadas con los huesos, la piel, los músculos, etcétera. Lo que no se dice en ningún sitio de la publicidad de estos complementos es que esos micronutrientes los podemos encontrar en la dieta tradicional, en alimentos mucho más nutritivos y baratos.

—Porque los responsables de *marketing* se amparan en un resquicio legal y emplean la «estrategia del asterisco» —le expliqué al as de la raqueta—. La he denunciado muchas veces. Te pondré un ejemplo relacionado con alguno de los suplementos deportivos que tú publicitas. Muchos de esos complementos poseen, junto a los tres ingredientes estrella comentados (colágeno, ácido hialurónico y sulfato de condroitina), el 15 % de la CDR de vitamina C. ¿La razón? Que este micronutriente sí tiene aprobadas ni más ni menos que catorce alegaciones saludables por parte de la EFSA, muchas de ellas relacionadas con la salud articular. Lo que ocurre es que consumir complementos por la presencia de vitamina C es absurdo, ya que los españoles ingerimos entre un 200 y un 300 % más de la vitamina C necesaria. Te daré otro dato. La CDR de vitamina C es de 80 mg. El 15 % con el que ya se puede publicitar una de esas dichosas alegaciones saludables equivale a 12 mg. Pues bien, en una sola naranja hay 70 mg de este micronutriente, ¡ocho veces más de la cantidad mínima exigida para poder publicitar que un producto ayuda a la salud articular!

—¿Me estás diciendo que el único ingrediente que sirve para algo de algunos de los suplementos articulares que publicito es la vitamina C, y que no solo no la necesitamos sino que se encuentra de forma natural en muchas fuentes vegetales como las naranjas y los limones?

—Sí. Y en mayor concentración, y a un precio muchísimo menor...

—Hagámonos enseguida ese *selfie*, voy a explicar todo esto a mis representantes.

—Sí, y otro día hablamos de los riesgos para la salud que tiene la ingesta de agua de mar... que tú también has publicitado. ¿No te das cuenta de que beberla no solo no te aporta la cantidad de minerales que pierdes cuando sudas abundantemente en la pista de tenis, sino que además puede producir graves problemas para la salud?

BÁÑATE EN ELLA, PERO NO TE LA BEBAS

Cuando bebemos agua de mar, un líquido que tiene altas cantidades de sal, nuestro cuerpo reacciona para procesar este aporte extra de minerales. ¿Cómo lo hace? A través de los riñones, que comienzan a trabajar a tope para filtrar el líquido y expulsar el exceso de sodio por la orina. En este proceso eliminamos muchísima agua, con altos riesgos de deshidratación, y la pérdida de fluidos puede hacer que aparezcan síntomas como un aumento de la frecuencia cardíaca, náuseas, debilidad e incluso delirios.

—Entre el agua de mar de las ampollas que tomé en un Open de Australia delante de millones de espectadores y la vitamina C presente en los complementos articulares que publicito en las farmacias, pero que ahora sé que se encuentra mucho más barata y en mayores cantidades en cualquier limón de la huerta murciana, ¡la que estoy liando! —me contestó el genial tenista, desolado, antes de fotografiarnos juntos.

No me podía creer lo que estaba viendo. En la zona de desayunos me encontré con la reina más incombustible del mundo. Iba a pedirle un autógrafo, pero me acordé de que su dinastía había tenido, durante varias generaciones, un homeópata personal a su servicio y que el último había fallecido hacía poco. Así que cambié de estrategia.

—Buenos días, Majestad.

—Buenos días —me contestó mientras sostenía, con enorme elegancia, una taza de té.

—Sé que usted es amante del té, pero me va a permitir que le hable un poco de la cafeína, un alcaloide del grupo de las xantinas. No es por tocarle las narices, sino porque quiero demostrarle que la homeopatía que tanto gusta a su Casa Real no tiene ningún sentido. Déjeme que le explique. Todos los productos homeopáticos llevan una etiqueta que indica el número de diluciones que se han efectuado con la «cepa homeopática», la «materia prima» de las preparaciones. Algunos preparados homeopáticos llegan a diluciones que, en su jerga, se denominan 30 CH, obtenidos a partir de productos tóxicos para el organismo humano como el arsénico, el veneno de serpiente o la belladona. Según la ley de los infinitesimales de Samuel Hahnemann, el padre de la homeopatía, «cuanto menos, mejor». Uno de los preparados más famosos es el café crudo homeopático 30 CH (siglas de «centesimales de Hahnemann»). Esto quiere decir que la cepa homeopática, que suele tener una concentración inferior a 1 molar (M), se ha diluido mediante un procedimiento que consiste en tomar una parte de la cepa, diluirla en 99 partes del diluyente (normalmente agua), tomar una parte de esa nueva concentración y diluirla una vez más en 99 partes de diluyente, y así sucesivamente, hasta repetir este proceso treinta veces. Es algo incoherente desde el punto de vista científico.

—¿Por qué es incoherente? —preguntó interesada la soberana.

—Como bien explica J. J. Iruín, catedrático de Química-Física de la Universidad del País Vasco, cualquier estudiante de Bachillerato puede concluir que, cuando el medicamento contenga en su etiqueta denominaciones como 11 CH o 12 CH, la concentración molar oscila entre 10^{-22} y 10^{-24} M. Y, en el caso de los 30 CH, se llega a 10^{-60} M. Y otro concepto de química que cualquier estudiante conoce es el ligado al número de Avogadro, que, aunque establecido en 1811, no vio reconocida su validez con datos experimentales hasta 1860. En un mol de cualquier sustancia hay 602.300.000.000.000.000.000.000 átomos o moléculas de esta. Por tanto, a partir de concentraciones como 10^{-24} M se puede afirmar, sin riesgo a equivocarnos, que en la disolución no existe ningún átomo o molécula del principio activo. Entonces, ¿qué tendremos a una concentración de 10^{-60} M, como la de los preparados 30 CH? Agua o lactosa (más algo de sacarosa, si es que se la han añadido para darle más dulzor), ¡pero ni un solo átomo del principio activo!

—¿Y eso qué implica?

—La EFSA —respondí, muy metido en mi papel divulgador— ha establecido en 75 mg de cafeína el umbral mínimo para que esta sustancia tenga efecto sobre diferentes procesos cognitivos, y en 3-4 mg por kilogramo de peso corporal para que sea eficaz en el rendimiento deportivo. Debido a que una dilución 30 CH de 1 mg de cafeína hace que esta ya no se encuentre en la preparación, es imposible que el café crudo homeopático produzca cualquier efecto debido a este alcaloide. La concentración del principio activo es nula o se encuentra siempre muy por debajo del umbral al que ha demostrado su eficacia, por lo cual no sirve para nada. Y con el mismo procedimiento se puede desmontar fácilmente cualquier producto homeopático.

—Todo eso está muy bien, pero, tiempo atrás, el real homeópata me dijo no sé qué de la «memoria del agua».

—Eso es ya el colmo. Los defensores de la homeopatía se aferran a la surrealista memoria del agua, una supuesta propiedad de este líquido según la cual sus moléculas almacenan las propiedades curativas de un compuesto homeopático sometido a diluciones en serie durante su preparación, para explicar las propiedades curativas que atribuye la homeopatía a sus preparados, aun cuando en estos no exista ni una molécula de principio activo. Nadie lo ha podido demostrar.

LA HOMEOPATÍA NO ES UNA CIENCIA

Bastan unos simples cálculos químicos al alcance de cualquier estudiante para desmontar la homeopatía, una de las pseudociencias más conocidas. Según las Academias Nacionales de Ciencias de los Estados Miembros de la Unión Europea, tiene nula evidencia científica y representa un riesgo significativo para los pacientes. De hecho, el presidente de la Organización Médica Colegial ha avisado de que la homeopatía es un proceso «ilusorio y engañoso» perteneciente «al mundo de las creencias», pero que está fuera del campo de la medicina. Por ello, aplaudo a aquellas organizaciones que se han posicionado claramente y sin ambigüedades en contra de esta pseudociencia. También creo que toda la sociedad, independientemente de sus afinidades políticas, debería respaldar el Plan de Protección de la Salud frente a las Pseudoterapias presentado a finales de 2018 por el Ministerio de Sanidad, Consumo y Bienestar Social y por el Ministerio de Ciencia, Innovación y Universidades.

—Me sorprende mucho todo lo que me dice. Pero, si los productos homeopáticos no sirven para nada, ¿por qué se venden en farmacias? —me preguntó la augusta anciana.

—Eso quisiera saber yo. Precisamente ayer le pregunté a mi farmacéutico. Me explicó cuatro razones. A cual más surrealista. La primera de ellas es que la legislación vigente permite vender homeopatía, por lo que no hace nada ilegal. La segunda es que, si no vende homeopatía en su farmacia, la venderá la de al lado. La tercera, que las farmacias necesitan nuevas fuentes de ingresos más allá de los que proporcionan los fármacos. Y la cuarta es que si la gente entra en su farmacia pidiendo homeopatía, él no puede negarse...

—¡Pare, joven, pare! Me ha convencido. A partir de ahora, mi Casa Real no contratará ningún homeópata, debemos dar ejemplo. Eso sí, olvídese de la cafeína. Mi té con limón es sagrado...

—Trato hecho.

En ese momento, mientras me fotografiaba con Su Majestad, otra reina —esta de la televisión— se acercó a mí.

—¿Limón? ¿Limón? ¿Estáis hablando del limón?

—Sí —le contesté, un tanto apabullado por su energía, mientras mi anterior interlocutora se alejaba—, pero no repitas aquellas declaraciones que hiciste en TVE donde decías que el aroma de limón puede prevenir el cáncer. Estos temas son muy graves como para frivolizar sobre ellos. Y aunque tus declaraciones no se ajustan literalmente al concepto de aromaterapia, se acercan muchísimo.

—¿Aromaterapia? —replicó poniendo los brazos en jarras.

—Sí, la utilización de aceites esenciales por vía olfativa con la idea de provocar una respuesta en el organismo a través de la interacción con receptores olfativos. Esta pseudoterapia sin ningún aval científico debe ser rechazada frontalmente por todos los sanitarios (médicos, farmacéuticos, enfermeros...) y colegios profesionales. Aunque es cierto que algunos aceites esenciales contienen moléculas biológicamente activas que pueden resultar eficaces y poseer utilidad terapéutica en ciertas indicaciones, siempre deben ser administrados por vía oral, pulmonar, tópica y nunca mediante vía olfativa. Además, deben haber pasado todos los controles toxicológicos y funcionales a los que es sometido cualquier fármaco y sus recomendaciones deben hacerse basándose en pruebas científicas y no apoyándose en el uso tradicional.

—¡Vaya bronca me estás echando!

—Los presentadores de televisión tenéis que ser mucho más responsables. La tele es la mayor fuente de información científica para la sociedad española, según las últimas encuestas de la Fundación Española de Ciencia y Tecnología. Os ven millones de españoles, así que debéis ser muy rigurosos con lo que decís.

—¡Cómo te pasas! ¡Paso de hacerme un *selfie* contigo!

Mientras la presentadora se marchaba y yo me serenaba un poco, me encontré con un colega suyo, la figura televisiva que más reacciones negativas desencadena en el panorama científico.

—¡Qué sorpresa verte! —le dije—. Te voy a ser sincero. Aquellas declaraciones en las que relacionaste las vacunas con el autismo me indignaron muchísimo. No existe ningún estudio que los vincule avalado por la comunidad científica. Además, ¿qué es eso de que las vacunas contienen metales pesados que los cuerpos de los niños no saben absorber? ¿Dónde están las pruebas que justifiquen tal afirmación? ¿No te das cuenta de la irresponsabilidad de tus palabras en un programa que ven millones de personas?

—Pues un conocido actor estadounidense publicó, hace años, un *tweet* en las redes sociales donde decía: «El gobernador de California dice "sí" a envenenar más a los niños con mercurio y aluminio en las vacunas obligatorias. Este fascismo corporativo tiene que parar».

—¿Envenenar a niños? ¡Indignante! Mira, te recomiendo que leas el libro *¿Funcionan las vacunas?* de Ignacio López-Goñi, doctor en Biología y catedrático de Microbiología en la Universidad de Navarra.[1] Además, no solo hiciste comentarios anticientíficos en tu programa, ya suprimido de la parrilla, sino que a tu plató invitaste a personajes que defendían posturas contrarias al rigor científico. Pocas semanas después de la polémica sobre las vacunas, llevaste a tu plató a un supuesto experto en morfopsicología, una pseudociencia que sostiene que existe una relación directa entre las características morfológicas de la cara de un sujeto y su perfil psicológico. Aún recuerdo cómo definisteis la personalidad de un actor afroamericano a partir de la forma de su nariz y su boca. Fue tremendo, hasta el punto de que la Asociación Nacional de Informadores de la Salud publicó un comunicado pocos días después en el que lamentaba que tu programa dedicase un espacio a la morfopsicología. Y tras otro programa en el que uno de tus curiosos invitados sugirió que había una mano negra tras los huracanes y otros fenómenos climáticos devastadores, la Asociación Española de Comunicación Científica presentó un escrito de denuncia al que se adhirieron otras entidades. No fue buena idea utilizar la televisión para dar voz a teorías conspiranoicas sobre el origen de los huracanes, y menos aún que tú alimentaras las teorías conspiranoicas diciendo que la Agencia Estatal de Meteorología (Aemet) no había querido pronunciarse en público.

—¿Quieres un *selfie*? —me sugirió despreocupado.

—¿Tú que crees? No. Me largo.

Cuando discuto con alguien, me entra hambre. Por eso,

[1] Ignacio López-Goñi y Oihan Iturbide, *¿Funcionan las vacunas?*, Next Door Publishers, Pamplona, 2019.

tras estas dos últimas conversaciones, me dirigí al área de los cocineros famosos. En los tiempos que vivimos, los chefs se han convertido en las estrellas televisivas del momento. Para aprovechar su tirón mediático, muchas marcas comerciales los han «fichado» para anunciar sus productos. Por eso quería hablar con algunos de ellos... y también para que me dieran algo de comer con lo que se me pasara el enfado.

El primer cocinero con quien hablé, jurado de un archiconocido programa de televisión y chef de un famoso restaurante, publicitaba un «pan para *runners*» (ahora ya nadie corre, todos «practican el *running*»). Según se anuncia en la página web de la empresa responsable, tal producto «está diseñado para los que hacen deporte de forma regular, quieren reducir su consumo de hidratos de carbono o simplemente quieren cuidarse». Curioso.

—Hola, ¿cómo estás? —me presenté—. Yo conocía todo tipo de cosas para correr, pero hay algo que jamás pensé que vería: tu «pan para *runners*». Flipé al enterarme de su existencia, y más cuando me di cuenta de que, aunque lo llamen «pan», la cantidad de harina de trigo que lleva es insignificante. De hecho, según se puede leer en el fabuloso blog del nutricionista Juan Revenga, ni existe en su composición levadura ni se ha llevado a cabo ningún proceso fermentativo.[2] Entonces, ¿qué lleva que lo hace tan especial?

—Tres veces más proteínas que el pan común, lo que ayuda a la regeneración de los músculos después de la actividad física, 3-4 veces más fibra y un 75 % menos hidratos de carbono que el pan integral normal.

[2] Juan Revenga, «¿Tan especiales son los *runners* que necesitan un pan aparte (y qué "pan")?», *El nutricionista de la General*, 3 de noviembre de 2014; disponible en <juanrevenga.com/2014/11/tan-especiales-son-los-runners-que-necesitan-un-pan-aparte-y-que-pan>.

—Qué curioso. Se me ocurren tres preguntas.

—Adelante con la primera —me animó el popular cocinero.

—Si ese pan está destinado a corredores, ya sea a nivel profesional o *amateur*, ¿de qué sirve reducir tanto los hidratos de carbono de absorción lenta, tan necesarios en esta modalidad deportiva? Me parece que reducir el aporte calórico procedente de los hidratos de carbono —del 81,5 % que contiene el pan normal al 16,3 % del pan que anuncias— no es lo más correcto para los corredores. Pero voy más allá. Un 32,6 % de los hidratos de carbono de ese «pan para *runners*» son azúcares, mientras que en el pan integral y blanco solo lo son el 4,7 y el 3,7 %, respectivamente. ¿Eso te parece bien?

—Paso palabra. Dispara la segunda pregunta.

—Aunque las proteínas que contiene el «pan para corredores» son de bajo valor biológico (no son ricas en todos los aminoácidos esenciales), el hecho de que tenga un alto contenido en fibra (más que el pan blanco o el integral) compensa parcialmente ese déficit en proteínas de alta calidad. Sin embargo, ¿hace falta consumir un pan que triplique el contenido en proteínas de un pan normal (37,5 frente al 13 %)? Estoy convencido de que, con una dieta equilibrada, no hace falta zamparse un pan con esa altísima cantidad de proteínas... y menos si se tiene en cuenta la alta ingesta proteica de la sociedad española. ¿Qué opinas?

—Esto... ¿cuál es la tercera?

—El porcentaje calórico de ese pan para *runners* es elevadísimo, pues el porcentaje de grasas totales pasa del 5,5 % habitual en el pan blanco al 46,2 % en el que tú anuncias. Un disparate. Es cierto que la cantidad de ácidos grasos poliinsaturados es elevada al compararla con el pan blanco y el integral, pero aun así un pan cuyo contenido en grasas aporta casi el 50 % de la energía total del producto no es el producto ideal para tomar antes o después de correr. Además..., ¿de verdad te gusta cómo sabe ese pan?

—Ya que estamos hablando de productos para *runners*, ¿qué me dices de las bebidas lácteas articulares que vende una gran empresa láctea española y que cuestan el triple que las normales? Las toman muchos corredores... —me dijo, cambiando de tema y evitando responder también a mi última pregunta.

—Si nos guiamos por la legislación vigente, la publicidad de las bebidas lácteas articulares es totalmente legal. ¿Por qué? Si te fijas, en ningún lugar del envase se dice «fortalece sus huesos» o «ayuda a sus articulaciones», pues, de aparecer esas alegaciones, sería ilegal porque no contienen ningún ingrediente que permita decir tal barbaridad. No obstante, en su lugar aparece el dibujo de una persona corriendo, un sello enorme de «Sport Life» y el lema comercial «Bebida articular para deportistas», y todo eso da a entender clarísimamente que se trata de un producto cuya composición es óptima para quienes practican deporte.

—¿Y no es así? —me preguntó el afamado cocinero.

—No. Ningún estudio científico avala su efectividad, no han sido evaluadas por el Grupo de Expertos en Nutrición, Alergias y Dietéticos de la EFSA y hay informes sobre sus ingredientes estrella (ácido hialurónico, colágeno y sulfato de condroitina) que niegan sus efectos en las articulaciones. Eso sí, su precio es el triple que el de una leche de la misma marca sin esos tres famosos ingredientes.

—Pero he leído que esas bebidas tienen un ingrediente, el extracto de cresta de gallo, que está avalado por la Unión Europea.

—La UE ha autorizado la comercialización de extracto de cresta de gallo como nuevo ingrediente alimentario de esta bebida láctea articular, con arreglo al Reglamento 258/97 del

Parlamento Europeo y del Consejo, pero nada más. Solo significa que está autorizada su inclusión porque no es tóxico, no porque ayude a mejorar el rendimiento físico.

—Me has caído bien, hagámonos un *selfie* juntos. Y te voy a presentar a otro presentador de televisión relacionado con el mundo de la cocina, que se ha hecho famoso por aconsejar remedios tradicionales para todo tipo de afecciones y dolencias, como alternativa a los productos farmacéuticos convencionales.

—No quiero conocerlo, gracias. Su botica televisiva es una fuente inacabable de prácticas anticientíficas. Es firme defensor de irresponsables pseudoterapias como la orinoterapia (que consiste en beber la propia orina), la moxicombustión (práctica que utiliza, por ejemplo, el humo de las hojas desecadas y trituradas de la planta *Artemisia vulgaris*), la iridología (que se basa en el examen de los patrones, colores y otras características del iris ocular para determinar la salud de un paciente), etcétera. ¿De verdad piensas que esa persona me interesa?

Y, sin mediar una palabra más, dejé allí plantado al cocinero y me dirigí al área de cultura del congreso, donde se concentraban escritores, cantantes, artistas y otras figuras de muchos países. Allí había un filón de *selfies*... y también de pseudociencias.

Entre los asistentes estaba una periodista y escritora madrileña que, en 2018, atacó a la industria farmacéutica en un contundente artículo, acusándola de manera bastante explícita de estar detrás del «machaque tan bien orquestado y pertinaz» que —en su opinión— está sufriendo la homeopatía, a la que calificó de «práctica barata y desde luego inocua». En ese mismo artículo, también criticó los cultivos transgénicos e incluso dijo cosas sin sentido acerca de las intolerancias al gluten.

Un poquito más allá se encontraba otro escritor, crítico literario y articulista español, fiel defensor del creacionismo. Conocido también por su faceta de tertuliano, ha defendido públicamente que detrás de todo existe un creador y que los científicos que tratamos de entender el universo de una forma que parece contraria a esta idea manipulamos los hechos de forma vil.

También logré ver a un director y guionista de cine, periodista, novelista y actor, también español, que es un firme defensor de los nunca demostrados peligros de las radiofrecuencias de baja intensidad que utilizan los dispositivos *wifi*. Los niveles de exposición de la población a ellas, bien estudiadas en condiciones realistas de funcionamiento, son miles de veces inferiores al máximo recomendado por la OMS y la UE. No entiendo como ha puesto tantas veces en entredicho la labor de los científicos, a los que incluso nos ha acusado de intereses ocultos en el tema de las radiaciones. Pensé en acercarme a él para mostrarle el reciente informe del Comité Científico Asesor en Radiofrecuencia y Salud (CCARS) en el que asegura que la población no corre riesgos al exponerse a la radiofrecuencia que emiten móviles, televisiones o radios, pero al fondo de la sala vislumbré a una célebre estrella de Hollywood, la reina de la anticiencia, la mujer que ama las pseudociencias por encima de todo.

—Hola, me gustaría hacerme una foto contigo.

—Claro, ¿sigues la web de mi empresa de productos saludables?

—Sí, por supuesto. Me río mucho cada vez que entro en ella, aunque al final siempre acabo de mal humor. La cantidad de disparates anticientíficos y peligrosos que dices en ella es insuperable.

—¿A qué te refieres? Explícate, que yo viví mucho tiempo en la provincia de Toledo y hablo español.

—No sé por dónde empezar. En tu *web* has hablado de aceites para reequilibrar los chakras, baños vaginales de vapor para equilibrar las hormonas femeninas, chamanes que leen cristales, tiritas para regular la frecuencia de la energía corporal, médiums médicos que curan gracias a un espíritu en sus oídos, sujetadores que causan cáncer de mama, dietas para detoxificar o curar casi cualquier enfermedad... Todo lamentable.

—¿Por qué? Nadie ha demostrado que esas cosas no sean ciertas.

—Eres tú quien debe demostrar que lo que dices, como que el agua tiene buenas o malas vibraciones según lo que ponga en la etiqueta de la botella, es cierto. Como afirmaba el científico Carl Sagan: «Las afirmaciones extraordinarias requieren evidencias extraordinarias»... y tú jamás proporcionas ni una sola evidencia de que lo que afirmas es cierto. Por cierto, ¿es verdad que has tenido que pagar 145.000 euros de multa por afirmar que los huevos vaginales de jade mejoran los orgasmos, regulan el ciclo menstrual y controlan la vagina?

—Sí. Tras la denuncia del Grupo de Trabajo para los Alimentos, Medicamentos y Dispositivos Médicos de California, que afirmaba que se trataba de publicidad engañosa, he tenido que llegar a un trato con la Fiscalía para evitar el juicio y una posible condena mayor.

—¿Y qué pruebas hay de que tus controvertidos enemas de café son un buen remedio para el estreñimiento? Te recuerdo que los médicos de Harvard califican esta práctica de peligrosa y advierten de que puede acarrear riesgo de deshidratación, desequilibrio de electrolitos y alteración de la flora intestinal. ¿Y del *lifting* con acupuntura como terapia antiedad? ¿Y de la apiterapia, el uso de veneno de abeja, para prevenir las inflamaciones? ¿Y de los «parches del bienestar» fabricados, supuestamente, con el material del que están hechos los trajes de los astronautas? ¡¡Si hasta la NASA ha aclarado que es mentira, que sus trajes no llevan ese material y que esos parches son un claro ejemplo de fraude!!

—¿Quieres un *selfie* o no?

—¡Por supuesto! No todos los días un escéptico como yo conoce a la reina indiscutible de las pseudociencias y las pseudomedicinas.

Durante las horas siguientes, me fotografié, entre otros, con un veterano actor de cine y televisión estadounidense, célebre por los golpes de karate que reparte, que se ha declarado enemigo de los organismos modificados genéticamente; con una compatriota suya, la presentadora más influyente de su país y a la que nada de lo pseudocientífico le es ajeno; con otra estrella de la gran pantalla, aliado de la cienciología; y con un mítico rockero británico, elevado a la nobleza y amigo íntimo de la homeopatía.

UNA RESPONSABILIDAD INELUDIBLE

Cuando me cansé de tanto famoso anunciando supercherías, me colé en la sala central de tan surrealista congreso, agarré un micrófono y, sin pensarlo, solté este discurso que sonó por todos los altavoces:

> Hablo para todos aquellos que sois famosos y publicitáis productos y tratamientos que no cuentan con el respaldo de la comunidad científica. Gracias a vuestra labor profesional, tenéis un eco muy grande entre la sociedad y millones de personas os siguen y confían en vosotros. Por esa razón estáis obligados a informaros de los verdaderos efectos de todo aquello a lo que prestáis vuestra imagen a cambio de una importante compensación económica. La ignorancia no exime de culpa, y las consecuencias de vuestras acciones pueden ser fatales. El 20 % de la población española consume pseudoterapias sin evidencia científica. Uno de cada cinco españoles ha utilizado remedios no contrastados científicamente, y cerca de dos millones de personas los han empleado en sustitución de tratamientos médicos.

Esto es muy grave y vosotros tenéis parte de responsabilidad. Jamás olvidéis que lo menos grave que puede ocurrirle a alguien que cae en las garras de las pseudociencias es tirar su dinero, y que lo peor es que, además, lo maten…

*

De repente, me pareció oír gritar a mi hermano y abrí los ojos.

—¡Despierta, que ya son las doce de la mañana! Me ha llamado tu hija. Dice que llevas toda la noche soñando y hablando en sueños... ¡hasta te has levantado de madrugada y te has puesto a hacerte *selfies* tú solo!

No me lo podía creer. Todo había sido un sueño..., el sueño de los magufos.

3

LA BOLA ENTRÓ

Para relajarme tras la agitada noche anterior, decidí practicar uno de mis deportes favoritos: el tenis. Al llegar al polideportivo, mi sorpresa fue que, junto a la barra del bar, me topé con uno de los más grandes jugadores de la historia, mi ídolo cuando yo era un crío. Un zurdo norteamericano de pelo rizado que infundía miedo tanto a rivales como a árbitros.

—Hola, ¿jugamos un par de *sets*? —le pregunté sin dudarlo.

—Sí. Pero, como me ganes, rompo la raqueta en mil pedazos —me dijo, mostrando que conservaba su fuerte carácter.

—¿No pensarás jugar con esa ropa? —le comenté, pues me sorprendió que llevase ropa deportiva anticuada (perdón, *vintage*).

—Sí, me gusta —respondió mirándome ceñudo—. ¿Pasa algo?

—Pues que la aparición de nuevos materiales ha revolucionado la ropa deportiva desde que te retiraste hace casi treinta años. Los nuevos tejidos no solo son mucho más cómodos y acordes estéticamente con el siglo XXI, sino que también mejoran el rendimiento deportivo. En tus tiempos de gloria, la mayoría de los tenistas usabais ropa de algodón natural. Sin embargo, actualmente se impone el poliéster, una categoría de elastómeros que contiene el grupo funcional éster en su cadena principal. La primera fibra de poliéster se produjo en Inglaterra en la década de 1930 y se comercializó con el nombre de Terylene, aunque en Francia se llamó Tergal y en España, Terlenka.

—Todo eso está muy bien, pero ¿qué ventajas tiene el poliéster sintético de tu camiseta respecto al algodón de mi polo *vintage*?

—Mi camiseta —le respondí— no se arruga, ni se deforma, ni se estira, ni se encoge. Además, se puede combinar con otros materiales (como el algodón, la lana o el nailon) y es resistente, duradera y liviana, lo que se agradece cuando llevas horas jugando un partido. También absorbe menos humedad, lo que hace que tu rendimiento físico mejore en determinadas condiciones atmosféricas, y evita que huela mal y que se acumulen hongos, moho y bacterias. Finalmente, como el poliéster absorbe mejor las tintas que el algodón, ahora se ven camisetas de todos los colores en las canchas de tenis, y no solo blancas como antiguamente. Y hay muchos estudios que muestran la relación directa entre los nuevos tejidos usados en la ropa de los deportistas y el incremento en su rendimiento deportivo. Si llegas a usar poliéster en vez de algodón, quizás habrías ganado aún más títulos. Así que no me seas antiguo...

—¿Me estás llamando viejo? ¡Mira que me quito el polo que llevo puesto y te lo tiro a la cara!

—No estires tanto tu polo de algodón que lo vas a romper. A mí eso no me ocurre gracias a una de las fibras sintéticas que más han revolucionado la ropa deportiva, el elastano.

ESTIRA, ESTIRA...

También llamado *spandex*, el elastano es una fibra sintética conocida por su excepcional elasticidad. La inventó Joseph Shivers, un químico que trabajaba en la empresa norteamericana DuPont en 1958. Se trata de un copolímero uretano-urea que, cuando se introdujo por primera vez, revolucionó muchos ámbitos de la industria textil. Para producir fibras de elastano se emplea una gran variedad de materias primas como prepolímeros —que producen la columna vertebral de la fibra—, estabilizantes —protegen la integridad del polímero— y colorantes. Para producir el elastano se emplean dos tipos de prepolímeros: un macroglicol flexible, que puede ser un poliéster, un policarbonato, una policaprolactona o alguna combinación de estos, y un diisocianato rígido polimérico.

—Qué nombres tan raros usáis los químicos... ¿Y qué propiedades confiere el elastano a la ropa? —me preguntó el tenista, que parecía más calmado.

—El elastano puede ser estirado sin romperse, se seca rápido y es muy duradero. Por esto se emplea para fabricar medias, *leggins*, calcetines, ropa interior, ropa de baño... Hay mucha gente que cree que el elastano y la licra son lo mismo, pero no es así. El elastano ha sido comercializado en el sector del textil desde su invención bajo diferentes nombres comerciales como Numa®, Unei®, Dorlastan® y Lycra®. Así, la licra es un elastano con gran elasticidad, flexibilidad y ligereza, pero no todos los elastanos son Lycra®.

—¿Y en el tenis para qué se emplea?

—Sobre todo para conseguir camisetas y pantalones más elásticos. Hay momentos durante los partidos en los que, como bien sabes, la elasticidad de la ropa del tenista es fundamental. De hecho, las camisetas con elastano resisten una elongación del 600 % antes de romperse, es decir, se pueden estirar hasta seis veces su tamaño sin rasgarse. Eso sí, esta molécula no confiere respirabilidad a la ropa. Y lo que poca gente conoce es que ya se están comercializando zapatillas envolventes que se ajustan perfectamente a los pies gracias al elastano. Consisten en una pieza de tela, con una suela preformada en el centro, que se envuelve alrededor de los pies y cuyos dos extremos se sujetan en el talón mediante una lengüeta de velcro.

—¡Geniales para un tenista! —replicó mi adorado ídolo.

—Otro material muy presente en el tenis es la poliamida, como la que usabas en tus muñequeras y tus cintas para el cabello. Este polímero, que contiene enlaces de tipo amida, fue sintetizado por primera vez en la empresa química DuPont Corporation gracias al equipo dirigido por el químico Wallace Hume Carothers, que trabajaba para esta firma estadounidense desde 1928. Las poliamidas pueden ser naturales, como la lana y la seda, o sintéticas, como el nailon y el kévlar (una fibra de alta resistencia, hasta cinco veces más resistente que el acero, descubierta por la química Stephanie Kwolek en 1965). Debido a su capacidad para formar hilos, la poliamida se utiliza en la industria textil y en la cordelería para fabricar medias, cuerdas, tejidos y otros elementos flexibles, como muñequeras o las cuerdas que componen la red que separa los dos campos de una cancha de tenis.

—Muy interesante... —dijo con cara de malas pulgas—, pero ¿jugamos ya?

—Solo una cosa más. Sigues llevando, cosido a la ropa, el logotipo de la marca que te patrocinaba. Me recuerdas a cuando mi madre me cosía, hace cuarenta años, el número de la camiseta de fútbol a la espalda. Ahora, gracias al poliuretano, sintetizado por Otto Bayer en 1937 como respuesta a la poliamida desarrollada por la competencia, ya no hace falta coser los escudos, números y logotipos en la ropa del deportista, sino que estos se «sellan» en el tejido.

LOS POLIURETANOS

Químicamente, los poliuretanos son polímeros que se diferencian por su comportamiento frente a la temperatura. Pueden ser de dos tipos: termoestables o termoplásticos, según si se degradan antes de fluir o si fluyen antes de degradarse. Los poliuretanos termoestables más habituales son espumas muy utilizadas como aislantes térmicos. Entre los termoplásticos destacan los empleados en elastómeros, adhesivos selladores de alto rendimiento, suelas de calzado, pinturas, fibras textiles, sellantes, embalajes, juntas, preservativos, las industrias de la construcción y del mueble, componentes de automóvil y numerosas aplicaciones más.

—Perfecto, pero ahora voy a ponerte a prueba. Si el poliéster no permite evacuar la humedad, la tela se pegará al cuerpo con el sudor y eso hará que juegue peor. ¿No es así?

—Es cierto, aunque la ciencia también ha puesto solución a eso. Una famosa marca de ropa deportiva ha desarrollado la tecnología Climachil, que tiene como objetivo reducir la temperatura corporal y mejorar el rendimiento físico del tenista. ¿Ves estas bolitas que lleva mi camiseta? Son pequeñas esferas de aluminio que transmiten frescor a la piel. Además, la ropa con tecnología Climachil tiene pequeños filamentos de titanio que, a través del contacto directo con la piel, ayudan a liberar calor directamente. Esta fibra, con el nombre comercial de SubZero, posee además la capacidad de una mayor termorregulación mediante tres vías: por evaporación, absorbiendo el sudor y secándolo a gran velocidad; por convección, maximizando la circulación de aire hasta la piel; y por conducción, refrescando a través de su mayor superficie de contacto con la piel.

—Para evitar los problemas de deshidratación, bebo un agua especial comercializada en España por una famosa marca de aguas minerales. Gracias a la presencia en su composición de 1.300 microgramos de litio, promete retrasar el envejecimiento cerebral. Es lo que necesito para jugar al tenis a mi edad: por una parte me hidrata y, por otra, me ayuda a mantenerme joven, ya que inhibe la enzima GSK-3, causante del envejecimiento cerebral... ¡¡Incluso hay gente que dice que previene el alzhéimer!!

—Siento decirte —le contesté— que Marcos Llanero, coordinador del Grupo de Estudio de Neurogeriatría de la Sociedad Española de Neurología, ha negado todo eso. Y yo lo secundo. En efecto, se publicaron algunos estudios hace algún tiempo que explicaban que el litio podía prevenir en modelos celulares con ratones la enzima GSK-3 implicada en el ciclo del alzhéimer, sobre todo en la creación de la proteína Tau. Sin embargo, el único ensayo en pacientes con la enfermedad desmintió que hubiese relación. Por tanto, la publicidad de esa agua «especial» es absurda y no tiene ningún sentido.

—¡Basta ya de ciencia! Juguemos, aunque odio hacerlo en una pista de tierra batida.

—La tierra batida es uno de los cuatro tipos de superficies que se utilizan en el mundo del tenis y predomina en Europa y Sudamérica. El torneo parisino de Roland Garros es el único Grand Slam disputado en este tipo de pistas, en las que el bote de la pelota es más lento que en las elaboradas con resina sintética o con césped natural o artificial. Además, permite a los jugadores «deslizarse» sobre la pista a la hora de llegar a una bola. Respecto a su composición, este tipo de pistas están hechas de esquisto, piedra y arcilla o ladrillo rojo pulverizado, materiales que se depositan en varias capas en una pista de tierra batida.

—¿Qué es el esquisto? —me preguntó enarcando una ceja.

—Los esquistos son un grupo de rocas en las que abundan

los minerales laminares, los cuales favorecen su fragmentación en capas delgadas. Se dividen en dos clases: los esquistos metamórficos (mica, clorita, talco, hornblenda, grafito...) y los sedimentarios o arcillosos, que son rocas clásticas de grano fino y no metamorfizadas que presentan la misma propiedad de laminación. Entre estos últimos está el esquisto bituminoso, donde se forman gas y petróleo que son extraídos mediante la fractura hidráulica (o *fracking*), una técnica muy controvertida hoy en día.

—¡Abre de una vez el bote de pelotas nuevas! —me gritó.

CÓMO SE FABRICAN LAS PELOTAS DE TENIS

Son varias las etapas que se necesitan para conseguir que tengan sus tres principales características: resistencia al choque, flexibilidad y velocidad (los tenistas profesionales imprimen a las bolas velocidades superiores a los 200 km/h). El material principal es el caucho, un polímero elástico que se puede obtener tanto por procedimientos naturales (surge como una emulsión lechosa, el látex, de diversas plantas como el árbol del caucho) como sintéticamente. Más de la mitad del caucho utilizado hoy en día es sintético, pero aún se producen, anualmente, varios millones de toneladas de caucho natural.

El caucho natural suele someterse a la vulcanización, en la que es calentado y se le añade azufre o selenio para lograr el enlazamiento de las cadenas de elastómeros. De este modo, se mejora su resistencia —a las variaciones de temperatura y elasticidad— y, por tanto, su durabilidad. Este proceso fue descubierto casualmente en 1839 por Charles Goodyear, mientras que la vulcanización en frío, desarrollada por Alexander Parkes en 1846, consiste en sumergir el caucho en una solución de monocloruro de azufre.

Como inicialmente el caucho es demasiado duro y no se moldea fácilmente, se introduce en unas máquinas que lo cortan en láminas y lo funden. A la mezcla se añaden otros compuestos que permiten que las pelotas boten más alto y duren más sin deformarse. Después, la mezcla fundida se vierte sobre un molde de media esfera. Cuando estas semiesferas están listas, son introducidas en una máquina donde se les aplica pegamento para formar una pelota perfecta. Además, dicha máquina les da la presión interna adecuada. Puesto que sería imposible controlar estas pelotas «calvas», se las recubre con fieltro hecho de nailon o lana para frenar el aire. Finalmente se les imprime la marca sobre la felpa y se meten en un bote presurizado para que mantengan la presión correcta.

Aunque todo el proceso, que consta de veintiocho pasos, está bastante automatizado, en él intervienen muchos operarios que repasan y colocan a mano tanto las piezas como las pelotas. Una vez acabadas, todas ellas deben tener un diámetro que oscile entre 65,41 y 68,58 mm y un peso de entre 56 y 59,4 g y han de rebotar entre 1,35 y 1,47 m tras ser lanzadas contra un suelo de cemento desde una altura de 2,54 m.

Parecía dispuesto a saltar sobre mí en cualquier momento. Sin embargo, mirándome con fijeza, me preguntó:

—¿Y por qué son verdes?

—¿¡Cómo!? Las pelotas de tenis son amarillas.

—¡¡¡Son verdes!!!

—Puesto que tú y el 52 % de las personas, según una encuesta realizada en la red social Twitter, pensáis que son verdes, voy a hablarte de óptica y neurociencia. Desde que la televisión en color llegó a nuestros hogares, las pelotas son amarillas. Antes eran blancas o incluso negras. Hubo torneos como Wimbledon que siguieron optando por las pelotas blancas hasta bien entrada la década de 1980, pero las amarillas acabaron imponiéndose. Y los principales fabricantes, como Penn, Wilson, Dunlop, Gamma Sports y Slazenger, afirman que son de color «amarillo óptico» y no verdes. El hecho de que mucha gente las vea de color verde responde, entre otras cosas, a nuestra percepción de los colores. Nuestro cerebro interpreta la luz y valora el color en función del contexto, por lo que algo nos puede parecer verde o amarillo, por ejemplo, en función de lo que tenemos alrededor. Además, hay neurocientíficos que aseguran que las diferencias de percepción tienen su origen en la evolución o en el momento del día en que se observa la imagen. Y otros estudios sugieren que el color que atribuimos a muchos objetos está determinado tanto por factores perceptivos como cognitivos, es decir, por la luz física que llega al ojo y por nuestro conocimiento previo sobre el objeto. Lo más probable es que quien piensa que las pelotas de tenis son verdes las vea de este color. De hecho, hay ocasiones en las que parecen verdosas debido a una sombra o al contraste con la pista. ¿Te ocurriría lo mismo con un plátano aunque tengan la misma tonalidad? No, porque desde pequeños nos han enseñado que los plátanos son amarillos. En caso de no haberlos visto jamás, a lo mejor sí dirías que son verdes.

—¡Qué interesante! —asintió—. ¡Pero saca de una vez, científico cansino!

—¿De verdad vas a jugar con esa raqueta de madera? La ciencia ha progresado mucho en las últimas décadas, y ahora existen materiales sintéticos mucho más apropiados. Pero no solo la química es importante en las raquetas de hoy en día, también la nanotecnología tiene un papel fundamental en ellas.

DE LA MADERA AL GRAFITO

La evolución que han sufrido las raquetas de tenis es una de las mejores herramientas de divulgación de la ciencia y la tecnología de los nuevos materiales. La primera raqueta de madera se fabricó en 1934 y se empleaban diferentes tipos de madera, principalmente la de fresno.

Las raquetas antiguas como la tuya tenían un problema: los marcos eran muy pesados y duraban poco, ya que la madera cedía con el tiempo. Otra desventaja era que vibraban muchísimo, y esto hacía que los tenistas que las empleaban sufrieran muchas lesiones, principalmente la conocida como «codo de tenista». La poca durabilidad de los marcos de madera se solucionó en 1968, cuando ese material fue sustituido por el acero. Pero las raquetas metálicas seguían pesando demasiado y sus vibraciones no dejaban de producir lesiones.

La solución llegó en 1970 con el aluminio, gracias al cual las raquetas redujeron considerablemente su vibración y su peso. Pocos años después, a mitad de los años setenta, entraron en escena el carbono, el grafito y la fibra de vidrio. Gracias a los dos primeros, las vibraciones desaparecen y se consiguen marcos más rígidos, ligeros y resistentes. El uso de estos materiales implicó mayores costes de fabricación, por lo que se mezcló el grafito con la fibra de carbono para reducir el precio de venta sin mermar la calidad.

La ciencia de los nuevos materiales seguía avanzando y hoy se usa una combinación de fibras ultrafuertes de titanio con otras ultraligeras de grafito, un material casi tres veces más ligero y rígido que ese metal.

—¿Qué es eso de la nanotecnología?

—La nanotecnología —respondí— es el conocimiento y

el control de la materia en dimensiones entre 1 y 100 nanómetros (nm), es decir, al nivel de los átomos y las moléculas. Es difícil para el cerebro humano hacerse idea de la escala, pues el nanómetro equivale a 10^{-6} mm, o sea, a la millonésima parte de un milímetro. Por ejemplo, un cabello humano mide 60.000 nanómetros de grosor, de modo que habría que dividirlo a lo largo en 60.000 partes para obtener 1 nanómetro. Otro ejemplo: 1 nm es lo que crece una uña en un segundo. Hoy en día, la nanotecnología es ya una realidad porque sus aplicaciones han llegado a la medicina, la ciencia de los materiales, la electrónica, la industria textil, la del calzado, la automoción, la construcción y, cómo no, el tenis. Los nanotubos de carbono que hay en mi raqueta tienen muchas propiedades interesantes. Por ejemplo, son más fuertes que el acero, además de ser más ligeros y flexibles. Sin duda, el futuro de las raquetas está en el uso de materiales nanotecnológicos en su elaboración para incrementar la estabilidad y la potencia, así como para reforzar la zona de la empuñadura con el fin de que resista mejor los efectos del impacto de la pelota.

—Todo ha cambiado mucho desde que me retiré —concluyó, muy serio, el tenista.

—Sí. He de confesarte que, desde chaval, he jugado mucho al tenis. No lo hacía mal, pero algo le pasaba a mi juego y me estanqué. Ahora he vuelto a mi máximo nivel. ¿Sabes cómo lo he conseguido?

—Como si lo viera... Gracias a la ciencia y la tecnología.

—Correcto. Gracias a la inteligencia de datos, a los macrodatos o *big data*. Para conocer las causas del bajón en mi juego, recurrí a la telemetría. Introduje varios dispositivos (acelerómetros, giroscopios, sensores de vibración) en mi raqueta y en mi muñequera, con el propósito de tener información más exacta sobre mi juego. Estos dispositivos me permiten conocer, a través de aplicaciones informáticas que registran todo lo que ha sucedido en la pista, aspectos fundamentales: la fuerza del impacto sobre la pelota, la dirección con la que la bola sale de la raqueta, si doy más golpes de derecha que de revés, el efecto que le imprimo a la bola, etcétera. Mi raqueta ultramoderna es capaz de almacenar en su memoria los datos de doscientos cincuenta y siete millones de golpes gracias a su capacidad para grabar hasta ciento cincuenta horas de juego.

—¿Y qué has conseguido? —me preguntó el antiguo campeón, mirando su raqueta de madera, toda una antigualla.

—Mejorar mi tenis. Con el paso del tiempo, la fuerza con la que golpeaba la bola era cada vez menor. Esto provocaba que su aceleración tras el golpeo comenzase a flaquear. Tenía que encontrar una solución. Inicialmente pensé en cambiar el cordaje. Las cuerdas están hechas de diferentes materiales químicos como el nailon, la tripa natural, la tripa sintética o el kévlar. Pero más importante que el material del que están hechas las cuerdas es la tensión del cordaje, que se mide en kilogramos. La regla fundamental es: «más tensión para mayor control, menos tensión para mayor potencia». En pistas duras, la pelota tiende a moverse más rápida. Para mantener el control es recomendable incrementar la tensión del cordaje. Sobre tierra batida, en cambio, la bola se mueve más lenta y se suele reducir la tensión del cordaje para añadir potencia y profundidad a los golpes. Desgraciadamente, los cambios en mi cordaje para ganar potencia no surtieron efecto y, como alternativa, tuve que incrementar el peso del marco de mi raqueta. Esta solución se suele emplear no solo para incrementar la potencia, sino para reducir la torsión y vibración de la raqueta. Utilicé cintas adhesivas de otro elemento químico, el plomo, para aplicar peso a la cabeza de la raqueta y, así, incrementar la potencia de golpeo y la aceleración de la pelota. Aunque al principio me costó acostumbrarme, el resultado final fue un éxito. Desde ese momento mi derecha comenzó a golpear la bola con más fuerza, la aceleración de la pelota volvió a ser la que era y mis golpes planos (aquellos que llevan la menor carga de efecto) destrozaron a mis rivales.

—Pues yo sigo usando tripa natural para encordar mi raqueta de madera —argumentó mi interlocutor—. Este tipo de cordajes de tenis está formado por un ensamblado de entre 13 y 15 tiras de intestino, normalmente de vaca. Esta cohesión garantiza un mejor mantenimiento de la tensión y también una mayor potencia y control de los golpes. Aunque son caros y duran poco, resultan muy adecuados para prevenir las lesiones como el codo de tenista, ya que, debido a su alta elasticidad, absorben muy bien las vibraciones generadas por el impacto de la bola.

—Si te gusta tanto la tripa natural, puedes usar cordajes de multifilamentos. Están hechos con materiales sintéticos, tienen propiedades muy parecidas y, aunque tampoco duran mucho, son más económicos. Otra opción son los cordajes ensamblados que se fabrican con un centro de nailon recubierto con numerosas capas de filamentos, pero en menor cantidad que en el caso anterior. Muchos jugadores profesionales actuales emplean cordajes de monofilamentos, fabricados con un único filamento de poliéster, aunque pueden incorporar otros materiales como, por ejemplo, el aluminio. Duran más, pero también son demasiado rígidos y reducen la potencia del golpeo y la sensibilidad. Finalmente también hay cordajes híbridos en los que se utilizan dos tipos de cuerdas diferentes. Normalmente se combina un cordaje más resistente para las cuerdas verticales (monofilamento), con uno más elástico y cómodo para las horizontales (multifilamento). Así se consigue un encordado polivalente, que ofrece una buena duración y, a la vez, unas buenas sensaciones de golpeo.

—Pero, como has dicho, para un jugador suele ser más importante la tensión del cordaje que el material con el que se ha elaborado. Sin olvidar otro aspecto importante: la fuerza del jugador, relacionado con su peso corporal. Un tenista de poco peso debería decantarse por tensiones más bajas, mientras que otro muy pesado tendría que incrementar la tensión de su raqueta. Y además hay otros muchos factores que influyen en la tensión adecuada para el cordaje: el tipo de superficie en la que se va a jugar, el tipo de pelota empleado, la temperatura, la altitud, la...

—Deja de enrollarte... ¿empezamos o qué?

—Llevas una hora hablando de ciencia y ahora te entra la prisa. ¡¡Saca!!

Golpeé con violencia la pelota a una velocidad que superó los 200 km/h. Mi «potente» brazo y, sobre todo, mi raqueta megacientífica lo hicieron posible. No apliqué efecto alguno a mi golpe, por lo que —si consideramos que el impacto no deformó la forma esférica de la bola, la velocidad del aire alrededor no varió significativamente y la distribución de presiones fue más o menos uniforme— la bola salió recta y, de acuerdo con la primera ley de Newton, cayó al otro lado de la red casi exclusivamente por causa de la gravedad. Mi saque fue perfecto y la pelota botó justo en la línea de saque del campo contrario, en la cruceta central. Para no perder la costumbre, mi oponente protestó que la pelota no había tocado la línea. Le repliqué que el «ojo de halcón», un sistema más preciso que cualquier juez de silla, demostraba que él estaba equivocado, que el punto era mío.

EL «OJO DE HALCÓN»

Hoy en día, debido a las velocidades que se imprimen a la pelota y a la alta precisión de los tenistas, que cada vez ajustan más sus lanzamientos a las líneas, es necesario ayudar a los jueces en su difícil tarea.

El «ojo de halcón» consiste en una red de cámaras, unas diez aproximadamente, situadas alrededor de la pista. Equipadas con sensores de alta resolución, su velocidad de obturación es bastante alta (unos 60 fps o fotogramas por segundo), lo que permite recoger la trayectoria de la bola en cada momento sin perder ningún detalle. Gracias a sistemas de triangulación de imágenes, las capturas de las cámaras son procesadas por una unidad central, que se encarga de generar un mapa tridimensional de la pista y recrear la trayectoria de la bola. A partir de ese mapa, se analiza cada bote de la bola para la creación de estadísticas detalladas (como las zonas en las que ha botado tras realizarse el saque) y, obviamente, para dictaminar si ha entrado dentro de los límites de la pista o no.

Mientras que el videoarbitraje (o VAR) usado en el fútbol es una mera grabación de lo que ha ocurrido sobre el césped, el «ojo de halcón» del tenis es un sistema informático más preciso y caro.

—¿Y no se equivoca?

—Podría, pero es muy difícil. A pesar de que procesar toda la información que proporcionan las diez cámaras es bastante complejo, el margen de error de esta tecnología ronda los tres milímetros, una cifra realmente baja. De hecho, según el «ojo de halcón»..., ¡¡mi bola entró!!

—¡Te vas a enterar! —fue su respuesta.

Mi segundo saque fue aún mejor que el primero. De nuevo fue un saque plano, sin efecto alguno. Esta vez no dirigí la pelota a la cruceta central, sino a la línea lateral que hace de frontera con el pasillo de dobles. Sin embargo, tras mi magnífico saque, algo inesperado ocurrió. Estirándose de forma inverosímil, mi rival imprimió un efecto liftado a la pelota, haciéndola girar en el mismo sentido que su desplazamiento, algo que solo la ciencia puede explicar. Tras golpear la bola siguió la primera ley de Newton, según la cual un cuerpo se mueve en la misma dirección y a la misma velocidad hasta que se le aplica una fuerza que lo haga variar de dirección. Es necesario indicar que la primera ley de Newton se cumple de forma rigurosa solamente en el eje horizontal y siempre que se obvie el rozamiento de la pelota con el aire, ya que desde que la bola sale despedida de la raqueta entra en juego la gravedad y la pelota va cayendo poco a poco, por lo que en el eje vertical sí que hay un cambio de dirección.

Mi primera impresión fue clara. Esa bola se iría muy lejos de los límites de la pista. Pero, de pronto, su trayectoria rectilínea comenzó a curvarse y, sorprendentemente, entró.

¿Qué fuerza misteriosa había hecho que la pelota cambiara su trayectoria? Aunque sabía que la respuesta estaba en la mecánica de fluidos, mi cara era todo un poema en ese momento. Una pelota de tenis se desplaza sumergida en un fluido, el aire, que la rodea por completo. Mi irascible ídolo golpeó fuertemente en un lado de la pelota enviándola alta y a su izquierda..., pero también rotándola lateralmente en su movimiento gracias al liftado. Esto provocó que, en un lado de la pelota, el aire se moviera en dirección contraria al giro de la misma, aumentando la presión. En el otro lado, el aire se movía en la misma dirección del giro de la pelota, creando un área de baja presión. La diferencia de presiones provocó la aparición de una fuerza perpendicular a la dirección de la corriente de aire, que hizo que la trayectoria de la pelota se curvara hacia la zona de baja presión, superándome y entrando en la pista. Yo, que estaba junto a la red esperando para volear, solo vi pasar un «misil» amarillo. Y todo se debía al efecto Magnus, un fenómeno que debe su nombre a su descubridor, el químico y físico alemán Gustav Magnus (1779-1848).

El golpe con el que había logrado sobrepasarme en la red ha sido bautizado como *banana shot.* No es el golpe liftado ordinario que muchos jugadores hacen desde el fondo de la pista, con el que se consigue que la pelota se eleve para salvar la red y luego bote muchísimo tras tocar la pista, sino una variante del mismo en la que la rotación que se imprime a la bola es aproximadamente perpendicular a la del golpe liftado clásico. Esa diferencia había hecho que su bola siguiera una sorprendente trayectoria de fuera hacia dentro de la pista.

UN TIRO CASI MÁGICO

La ciencia puede describir la trayectoria exacta que sigue la bola en el *banana shot.* Un equipo de científicos franceses simuló este tipo de lanzamientos recurriendo como modelo a un gol muy similar marcado por el futbolista brasileño Roberto Carlos a la selección francesa en 1997. Hicieron experimentos bajo el agua, para eliminar los efectos de las turbulencias en el aire y la fuerza de gravedad. Los investigadores establecieron que la trayectoria que sigue una esfera cuando gira al dársele efecto es una espiral en forma de concha de caracol.

En una cancha de tenis, y en condiciones adecuadas, ocurre algo parecido. El primer requisito es que hay que golpear la pelota con mucha fuerza. Gracias a ello se minimiza la influencia de la gravedad. La segunda condición para que la curvatura sea completa es que el disparo lleve mucho efecto. El impacto de la raqueta en la pelota debe provocar un espín muy pronunciado. Y, por último, es necesario que el lanzamiento se realice desde el fondo de la pista para que haya una distancia considerable hasta la parte contraria. Si la distancia es insuficiente, solo trazará una trayectoria rectilínea o, como mucho, realizará la primera parte de la curva. Pero si es la correcta, la curva se cierra y se consigue una trayectoria completa en forma de caracol.

A partir de ahí, no volví a marcar un solo punto y únicamente corrí de un lado para otro sin anotar. Además, durante el partido sufrí un fuerte picotazo en el pie que me produjo un escozor tremendo y que, días más tarde, daría mucho que hablar. Cuando acabamos, tuve que reconocer mi indiscutible derrota. Aunque gané una valiosa lección: en una cancha de tenis, al igual que en un laboratorio repleto de equipos de alta tecnología, el progreso científico solo se pone de manifiesto si está detrás el talento humano.

—Solo me queda aplaudirte —dije a modo de despedida—. Me voy a descansar, pues esta noche tengo unos invitados muy especiales a cenar. Hasta otra.

4

ANCHOAS ÓMICAS Y TRADICIONES POPULARES

La noche de cada 2 de enero, ceno en la Dehesa de Campoamor con los Anchoas. Somos un grupo de siete amigos y amigas de la universidad, procedentes de otras tantas provincias, que cursamos juntos los tres primeros años de carrera y elegimos la misma especialidad: Bioquímica. Durante un lustro, aprendimos acerca del ácido desoxirribonucleico (ADN), el ácido ribonucleico (ARN), los genes, las proteínas, etcétera. Sin embargo, los tiempos han cambiado. Al publicarse el genoma humano en febrero de 2001, se abrió un inmenso espacio tanto para el mejor conocimiento del lenguaje de la vida como para la regulación de la expresión genética y sus correspondientes implicaciones fisiopatológicas.

Hasta hace unos pocos años, los que formamos los Anchoas analizábamos unas pocas moléculas que se podían estudiar en laboratorios. Sin embargo, en las últimas décadas, y gracias al avance de la tecnología y de las herramientas de análisis, el número de moléculas detectables se ha multiplicado y, al mismo tiempo, se han formado grupos multidisciplinares constituidos por biólogos, químicos, médicos, genetistas, programadores, bioinformáticos, bioestadísticos y otros muchos científicos que colaboran para la interpretación de la infinidad de datos recabada.

Todos estos avances han dado lugar a la aparición de nuevas ramas científicas. Me refiero, entre otras, a las llamadas «ciencias ómicas», que permiten estudiar un gran número de moléculas implicadas en el funcionamiento de un organismo. En la última reunión de los Anchoas, sus integrantes rememoramos como, tras acabar la carrera, volvimos a nuestras ciudades de origen para dedicarnos a la bioquímica básica. Al hilo de la charla, descubrimos que, hoy en día, todos habíamos abandonado esa disciplina para dedicarnos a alguna ciencia ómica. Pero lo mejor fue que, de forma espontánea, los Anchoas mostramos nuestro lado más oscuro y, uno a uno, confesamos nuestra afición por ciertas fiestas populares donde la ciencia, aunque parezca extraño, tiene un papel fundamental.

*

En todos los grupos siempre hay un líder en la sombra, y el nuestro es Dani (aún recuerdo cuando, por su culpa, pillaron a treinta y dos compañeros copiando en clase de Matemáticas y él salió de rositas).

—Dani, cuéntanos cómo te va —le dije.

—Sigo en mi pueblo de Soria. Desde allí recorro todos los días 100 kilómetros para trabajar en un laboratorio de genómica perteneciente al Consejo Superior de Investigaciones Científicas (CSIC), donde disfruto muchísimo.

—Últimamente oigo hablar de «genómica» por todos lados. ¿De qué va?

—La genómica fue la primera ciencia «ómica» que surgió —comenzó a explicar Dani—. Estudia el genoma, que podría definirse como la totalidad de la información genética que posee un organismo en particular y que se transmite de generación en generación. En él, además de los genes propiamente dichos, se incluyen regiones espaciadoras, regiones reguladoras, restos de genes que estuvieron funcionales en algún momento y muchas otras secuencias cuya función o papel todavía se desconoce.

De hecho, en el genoma humano, solamente un porcentaje muy pequeño del material hereditario tiene una función codificante, es decir, corresponde a lo que solemos entender por genes. Así que, en definitiva, la genómica es la disciplina que tiene como objetivo comprender el contenido, la organización, la función y la evolución de la información molecular del ADN contenida en el genoma completo. Como veis, es tremendamente ambiciosa y para abordarla se aplican conocimientos de otras disciplinas como, por ejemplo, la biología molecular, la bioquímica, la informática, la estadística, las matemáticas y la física. Y, aunque tienen grandes lazos de unión, la genómica se diferencia claramente de la genética clásica. Esta última busca, a partir de un fenotipo —el conjunto de caracteres visibles que un individuo presenta como resultado de la interacción entre su información genética y el medio—, los genes responsables de este. Sin embargo, la genómica tiene como objetivo adelantarse y predecir la función de los genes a partir de su secuencia o de sus interacciones con otros genes. Todo este campo ha evolucionado mucho desde que estudiábamos genética. Antes nos limitábamos a describir los genes. Con los nuevos avances, ahora ya podemos conocer las variaciones del genoma a distintos niveles: expresión de ARN mensajeros (ARNm), función de proteínas, producción de metabolitos e incluso las interacciones físicas que cada uno de estos componentes celulares establece para formar las redes que componen un sistema biológico.

—Es fascinante, pero muy complejo. En tu laboratorio, ¿a qué parte de la genómica te dedicas?

—La genómica se divide en dos ramas principales. Yo me dedico a la genómica estructural, orientada a la caracterización y localización de las secuencias que conforman el ADN, un conocimiento que permite obtener mapas genéticos de los organismos. Dentro de mi grupo de investigación hay otros científicos que se dedican a la genómica funcional, que estudia las funciones e interacciones de genes y proteínas, por lo cual se centran en los aspectos dinámicos de los genes, como su transcripción, la traducción, las interacciones proteína-proteína, en oposición a los aspectos estáticos de la información genómica, como la secuencia del ADN o su estructura.

VENTAJAS DE LA GENÓMICA

Desde la irrupción de la genómica se han desarrollado muchas áreas relacionadas, como la medicina genómica o personalizada, la genómica agropecuaria, la forense, la ambiental, la industrial, etcétera. Una de las más destacadas es la investigación en enfermedades genéticas. En el ser humano, las enfermedades genéticas pueden ser de dos tipos: mendelianas o poligénicas. Las enfermedades mendelianas generalmente son causadas por una mutación en un gen. Esta mutación impide la expresión correcta de una proteína que es necesaria para el correcto funcionamiento de nuestro organismo. Sin embargo, la mayoría de las enfermedades genéticas que afectan a humanos, como el cáncer, las enfermedades cardiovasculares y la obesidad, son poligénicas, es decir, están producidas por distintos genes, por agentes externos y por las interacciones entre estos. Aquí es donde la genómica puede dar más soluciones que la genética tradicional.

—¡Apasionante! Oye, cambiando de tema, ¿cómo llevas lo de vivir en un pueblo tan alejado del mar?

—Muy bien, aunque echo de menos el clima mediterráneo. Os tengo que confesar que no conozco mejor fiesta que la que se celebra en mi pueblo, San Pedro Manrique, el 23 de junio, la noche de San Juan.

—¿En Soria celebráis la noche de San Juan? —preguntó, sorprendido, otro de los Anchoas.

—Claro. Además de Alicante, hay muchas localidades en España que encienden hogueras para conmemorar el nacimiento de san Juan Bautista, que fue anunciado con lumbres por su padre, Zacarías. Para otros, la finalidad de este rito es dar más fuerza al Sol, pues, a partir de esa fecha, comienza a debilitarse porque los días se van acortando hasta llegar el solsticio de invierno. Incluso hay gente que cree que el fuego también tiene una función purificadora en las personas que lo contemplan o saltan sobre él. Sea por una razón o por otra, cada 23 de junio muchos de mis vecinos y yo mismo caminamos descalzos sobre una alfombra de brasas de madera de roble. El recorrido es exactamente de tres metros, un número que no se escoge por casualidad.

—¿Caminas sobre las brasas? ¿Estás loco? ¿Y no te quemas?

—No. La ciencia me protege —respondió Dani—. La caminata sobre el fuego es una tradición en Macedonia, Argelia, Egipto, Polinesia, India, Sri Lanka y otros lugares. Aunque mucha gente atribuye la ausencia de quemaduras a supuestos poderes de la mente humana para evitar el temor y el dolor, en realidad no es así. La termodinámica, y no la brujería, explica que nadie se queme al caminar sobre brasas... salvo que cometa una imprudencia. Para quemarse hace falta que la temperatura del pie sea lo suficientemente elevada como para producir daños irreversibles en la piel. Uno de los factores para que esto no ocurra es la conductividad térmica, una propiedad física de los materiales que mide su capacidad para transmitir el calor a otros materiales puestos en contacto. La conductividad térmica es alta en los metales, baja en los polímeros y muy baja en los aislantes térmicos. ¿A que no es lo mismo tocar un metal caliente que un trozo de madera caliente? Nos quemamos mucho antes al tocar el metal que la madera. Pues bien, las brasas de carbón, al igual que la madera, poseen una conductividad térmica baja. Por eso su capacidad para transmitir el calor a otros objetos que entran en contacto con ellas, como los pies de los vecinos de San Pedro Manrique, es pobre. Cuando apoyo mis pies sobre las brasas, estas no pueden transferir la energía calorífica con la rapidez suficiente como para quemarme, así que casi no me entero.

—¿Todo depende de la conductividad térmica? —se interesó una Anchoa.

—No, también influye la débil capacidad calorífica de las brasas. Esta propiedad indica la cantidad de calor que necesita un material para elevar su temperatura. Es decir, refleja la mayor o menor dificultad que presenta un cuerpo para experimentar cambios de temperatura cuando se le suministra calor. Hay materiales que necesitan mucho calor para aumentar su temperatura y otros que necesitan menos. El hecho de que las brasas posean una capacidad calorífica débil significa que necesitan poco calor para aumentar su temperatura. A los pies les ocurre lo contrario. Como se componen principalmente de agua, que tiene una capacidad calorífica específica relativamente elevada, necesitan bastante calor para aumentar su temperatura. Si ponemos en contacto el pie con las brasas, estas disminuirán rápidamente su temperatura, mientras que el pie la aumentará muy lentamente. Por eso, aunque las brasas superen los 500 °C, el «paseo» sobre ellas en la noche de San Juan debería durar bastantes segundos para quemarme.

—¿Cuántos segundos exactamente? —pregunté, siempre atento a los detalles.

—Es difícil predecirlo con precisión, ya que depende de muchos factores. Uno es la temperatura de las brasas: a mayor diferencia de temperatura entre las brasas y el pie, más rápido fluye el calor. Otro es la presencia de callos o durezas en los pies, que dificultan la transmisión del calor. También es importante no correr ni presionar las brasas con los pies. Si estos se hunden en las brasas, aumenta la superficie de contacto con la piel y, por tanto, el riesgo de quemaduras se incrementa. En definitiva, cualquier persona puede recorrer una distancia de 4 a 5 metros a la velocidad de una caminata normal sin quemarse. Por esta razón, en San Pedro Manrique preparamos un recorrido de «tan solo» 3 metros.

—Recuerdo un programa de la televisión británica BBC en el que construyeron un sendero de 18 metros de longitud con brasas ardientes a 600 °C para comprobar los supuestos poderes paranormales de personas que alegaban ser capaces de no quemarse al caminar sobre ellas. ¿Lo viste?

—Sí. La mitad de las personas que caminaron por él desistieron tras recorrer 8 metros porque se quemaban. La otra mitad decidió seguir y sufrió graves quemaduras. Sin duda, la termodinámica no era su fuerte.

—A pesar de mis nociones termodinámicas, no sería capaz de caminar descalzo sobre las brasas. Y si te viese hacerlo, me pondría nerviosísimo.

CORAZONES AL COMPÁS

Un equipo de investigadores, pertenecientes al Centro de Neurociencia Funcionalmente Integrativa de la Universidad Aarhus, en Dinamarca, hizo un estudio sociológico de las fiestas de San Pedro Manrique para cuantificar la conectividad social que subyace a los rituales de una comunidad.[3] Estos científicos descubrieron que la frecuencia cardiaca de quienes caminan sobre las brasas se sincroniza con la de sus familiares y amigos que los observan.

[3] Ivana Konvalinka *et al.*, «Synchronized arousal between performers and related spectators in a fire-walking ritual», *Proceedings of the National Academy of Sciences of the United States of America (PNAS)*, 108 (20), 17 de mayo de 2011, pp. 8514-8519; disponible en <pnas.org/content/108/20/8514>.

Para medir la frecuencia, colocaron pulsímetros a doce pasadores del fuego, nueve espectadores emparentados con ellos y diecisiete visitantes que no tenían ninguna relación con las personas que cruzaron las ascuas. Aquella noche, la fiesta duró unos treinta minutos, durante los cuales veintiocho personas hicieron «paseos» de cinco segundos de duración. Tras medir sus latidos, los investigadores detectaron que el ritmo cardiaco de los familiares y amigos evolucionaba de una manera similar al de las personas que cruzaban las ascuas. Estaban, por decirlo de alguna manera, sincronizados. Por el contrario, los visitantes que no conocían a los pasadores no presentaron cambios en su frecuencia cardiaca.

Este estudio mostró por primera vez que los efectos de la acción social tienen una base fisiológica que se puede medir con precisión, y que este efecto es independiente de la coordinación motora, ya que los espectadores permanecían inmóviles y los pasadores recorrían la alfombra de brasas de uno en uno. Por tanto, los individuos vinculados emocionalmente pueden estarlo también por vías fisiológicas. La conclusión final fue que el ritual social sirve para cohesionar a los miembros del grupo.

—Por cierto —concluyó Dani—, ¿quién se apunta a visitar mi pueblo la próxima noche de San Juan para pasar sobre las brasas?

Ante tal ofrecimiento, y con más o menos dudas, todos levantamos la mano. Todos menos Ana, nuestra amiga valenciana, que aprovechó para hacer uno de sus típicos comentarios.

—Yo miraré mientras me tomo una cerveza. Eso sí, mi pulsímetro ni se va a inmutar cuando paseéis por encima de las brasas —nos espetó—. Las proteómicas somos así.

—¿Qué es la proteómica? —me atreví a preguntar, ya que nadie lo hacía.

—Te has quedado en la bioquímica de finales del siglo XX y la realidad es que nuestra disciplina favorita ha cambiado mucho. Recordaréis que, en la facultad, yo tenía mejores notas en aquellas asignaturas relacionadas con las proteínas, los componentes principales de las rutas metabólicas de las células. Por eso decidí especializarme en proteómica, el conjunto de técnicas o tecnologías encaminadas a la obtención de información funcional de todas las proteínas. Su nombre fue acuñado en 1997 como una analogía con la genómica y deriva del término proteoma, una fusión de proteína y genoma. La proteómica es hoy en día una herramienta fundamental para el progreso de la biología y la biomedicina. En concreto, me dedico a analizar, identificar y caracterizar el proteoma celular, es decir, el conjunto de proteínas presentes en cada momento en una célula, tejido u órgano.

—¿Por qué dices «en cada momento»?

—Porque el proteoma de un organismo no es fijo como el genoma, sino que sufre muchos cambios a lo largo del tiempo. Pero no creáis que en los laboratorios de proteómica nos limitamos a cuantificar el número de proteínas, pues también analizamos su estructura, actividad, localización y mecanismos de actuación o de interacción con otras moléculas, por ejemplo. El auge de la proteómica le debe mucho al desarrollo de la espectrometría de masas, una técnica aplicada al análisis de moléculas biológicas. En el laboratorio la usamos tanto para la identificación y caracterización de proteínas como para la búsqueda de nuevas proteínas que puedan ser de interés en diferentes campos. También es importante disponer de amplias bases de datos de genes y proteínas, potentes métodos de fraccionamiento y separación de péptidos y proteínas y técnicas de identificación de proteínas. Por eso la proteómica se apoya mucho en las técnicas instrumentales de análisis y la bioinformática.

—¿Todos los que trabajáis en proteómica lo hacéis en la misma área?

—¡Ni mucho menos! Por un lado está la proteómica de expresión, que se encarga del estudio de la abundancia relativa de las proteínas y de sus modificaciones postranscripcionales. Por otro, la proteómica estructural, que aborda la caracterización de la estructura tridimensional de las proteínas. Y finalmente está la proteómica funcional, cuya misión es estudiar tanto la localización y distribución subcelular de proteínas como las interacciones que se producen entre las proteínas y otras moléculas con el fin de determinar su función.

UNA BIOTECNOLOGÍA EN DESARROLLO

La proteómica es una herramienta muy eficaz en la búsqueda de remedios contra dolencias como el cáncer, la diabetes y la obesidad, entre otras. Entre sus principales aplicaciones actuales destacan la identificación de nuevos marcadores para el diagnóstico de enfermedades, la determinación de mecanismos moleculares involucrados en diferentes afecciones y el análisis de rutas de transducción de señales.

—¿Qué aplicaciones concretas te parecen más interesantes?

—Sin duda, el descubrimiento de fármacos, el diagnóstico molecular y la medicina personalizada. Como recordarás, los biomarcadores son biomoléculas que se determinan en un tejido o en un fluido corporal de un enfermo para definir una enfermedad a nivel molecular. También sirven para seguir una enfermedad determinada o para predecir la respuesta a una terapia. Por esta razón es fundamental disponer de biomarcadores efectivos para estudiar cada enfermedad en sus diferentes etapas. Pues bien, los marcadores proteicos ideales para la rutina clínica son los que se pueden detectar en el suero, ya que este contiene información sobre el proteoma, que refleja lo que está ocurriendo en cada tejido del cuerpo. De hecho, como investigadora y experta en proteómica de biomarcadores, el problema al que me enfrento cada día en el laboratorio es la existencia en el suero de muchas proteínas poco significantes que enmascaran a las que realmente desempeñan una función importante como biomarcadores. Mi trabajo consiste en identificar en el conjunto del proteoma aquellas proteínas que puedan ser interesantes como biomarcadores, aislarlas y purificarlas. También me dedico a encontrar diferencias entre el proteoma de un tejido sano y el de otro enfermo. El objetivo es determinar la «firma proteómica», el conjunto de proteínas cuya alteración es característica de la respuesta a una enfermedad o a un cambio genético.

—¿Nos puedes contar en qué trabajas ahora mismo... o es secreto?

—Estoy centrada en mejorar diferentes aspectos de la reproducción asistida. En esta área la proteómica es de gran interés para analizar óvulos y espermatozoides e identificar proteínas que puedan ser utilizadas como biomarcadores. Así, se podrán seleccionar aquellos gametos que aseguren una mejor fertilización y aumentar la tasa de éxito de la reproducción asistida. Además, dirijo un grupo de investigación en el que cada miembro está especializado en un apartado de la proteómica, como la fosfoproteómica, que estudia las proteínas que unen fósforo; la glicoproteómica, que estudia las unidas a azúcares; y la degradómica, encargada de analizar cómo se degradan las proteínas.

—Con tanto trabajo, te quedará poco tiempo para la química fundamental. Recuerdo que te apasionaba.

—Ya que la mencionas, os voy a revelar un secreto: ¡soy la elegida para preparar los fuegos artificiales que alumbrarán Valencia en la próxima Nit del Foc, durante la madrugada del 18 al 19 de marzo!

—¡Vaya honor y qué gran responsabilidad! —exclamé. Siempre me han fascinado los fuegos artificiales. Son pura química, no solo por las reacciones que posibilitan la explosión, sino también por los fundamentos que permiten obtener la gran gama de colores que garantizan la máxima espectacularidad—. ¿Qué compuestos químicos emplearás?

—Seguramente pólvora negra —respondió Ana—. La que más se emplea está compuesta de un 75 % de nitrato de potasio, un 15 % de carbón y 10 % de azufre. Cada componente tiene su función. El nitrato potásico, que actúa como oxidante, se encarga de generar el oxígeno que intervendrá en la reacción de combustión. El carbón —que contiene básicamente carbono— y el azufre, los elementos reductores, actúan como combustibles para reaccionar con el oxígeno molecular liberado por los oxidantes, dando lugar a la producción de grandes cantidades de gases calientes. Aunque también es posible que utilice pólvora «sin humo», que no es otra cosa que nitrocelulosa o nitroglicerina. Se usa como alternativa a la pólvora tradicional porque no genera humo, lo que permite contemplar mejor los colores y efectos de los fuegos artificiales.

—¿Y cómo conseguirás los colores?

—Con una serie de sales metálicas. Para el rojo, añadiré cloruro de litio o nitrato de estroncio; para el amarillo intenso, sales de sodio; para el verde, nitrato de bario; para el naranja, cloruro de calcio; para el dorado, polvo de hierro o zinc; para el blanco, sales de magnesio o aluminio; para el azul, nitrato de cobre; y para el violeta, mezclaré nitrato de estroncio y nitrato de cobre. Además, emplearé titanio para los destellos blancos y plateados; magnesio para incrementar el brillo y la luminosidad; antimonio, que deja una nube de partículas brillantes como si fueran purpurina; y calcio para aumentar la intensidad de los colores obtenidos. También pondré en práctica un truco pirotécnico que consiste en añadir dextrina, un derivado del almidón, que hace que muchos explosivos alcancen gran altura y ardan con más intensidad.

FUEGOS DE MIL COLORES

Para producir fuegos multicolores, la química empleada en la pirotecnia echa mano de otra gran disciplina científica: la física. Existen dos modos en que los fuegos artificiales producen color: la incandescencia y la luminiscencia. La incandescencia es la emisión de radiación (que, en un intervalo de frecuencia o longitud de onda adecuado, da lugar al color) como consecuencia de que el cuerpo emisor está a alta temperatura. La emisión de esta radiación suele comenzar en la zona infrarroja del espectro y, a medida que la temperatura aumenta, se desplaza hacia la zona del rojo-amarillo. Pero la incandescencia solo puede producir colores rojizos, amarillentos y, si la temperatura es muy alta, el blanco.

Para superar este problema, los pirotécnicos recurren a la luminiscencia, un proceso de emisión de luz «fría» cuyo origen no se encuentra en las altas temperaturas, sino que la emisión de radiación lumínica es provocada a temperatura ambiente o baja. Según la energía que la origina, se distinguen diferentes clases como, entre otras, la termoluminiscencia (activada por la temperatura), la quimioluminiscencia (por una reacción química), la triboluminiscencia (por la energía mecánica), la electroluminiscencia (por la energía eléctrica) y la bioluminiscencia (por la energía biológica).

—¿Qué tipo de cohete utilizarás en la Nit del Foc?

—Los cohetes para fuegos artificiales que pienso utilizar tienen dos cámaras. La primera es una cápsula con forma de tubo, donde se aloja la carga de pólvora, y una salida por la parte inferior, por donde escapan los gases que impulsan el proyectil hacia arriba. Además, tengo un recurso que gusta mucho al público: empleo un tipo muy especial de propelente, la sustancia encargada de propulsar el cohete, para conseguir que se oiga un fuerte silbido durante el ascenso. Por su parte, la segunda cámara del cohete explota al quemarse por completo la primera. En ella se encuentran las sales que dan lugar a los colores y a formas especiales como anillos o palmeras.

—¿Y llevan su característico palito para clavarlos en el suelo?

—¡No seas antiguo! Eso ya no se usa. Yo empleo tubos a modo de mortero que disparo a distancia mediante ignición eléctrica. De esta forma, además de ganar en seguridad, logro controlar la trayectoria del cohete y el ritmo del espectáculo. ¡Así que estáis todos invitados, no faltéis!

La primera de los Anchoas en apuntarse para visitar Valencia en marzo fue Marga.

—Me fascina la Nit del Foc, así que... ¡cuenta conmigo! Además, una metabolómica extremeña como yo no puede faltar.

—¿Metabolómica? ¿A qué te dedicas ahora, Marga?

—A algo íntimamente relacionado con lo que han contado Dani y Ana. Como todos sabéis, en las complejas reacciones que forman parte del metabolismo (el proceso de conversión de energía de los alimentos en energía mecánica o calor) participa una infinidad de sustratos, intermediarios y productos: son los metabolitos, que se encuentran en muestras biológicas como la orina, la saliva y el plasma sanguíneo. Sin embargo, estos metabolitos no permanecen fijos a lo largo del tiempo. Al igual que las proteínas, cambian en respuesta a una variación genética o bien a un estímulo fisiológico o patológico. Pues bien, la tecnología que estudia los cambios globales en la concentración de los metabolitos presentes en nuestro organismo es la metabolómica. Esta disciplina creció, junto con la genómica y la proteómica, desde mediados de la década de 1990 como resultado del Proyecto Genoma Humano.

—¿Y qué ventajas ofrece la metabolómica?

—El metaboloma es una colección de todos los metabolitos en un lugar concreto en un momento determinado en el tiempo. Los seres humanos tenemos muchos tipos de células con metabolomas diferentes, pero la metabolómica se ocupa del estudio de los metabolitos con bajo peso molecular como lípidos, azúcares, aminoácidos y vitaminas. Para conocer el proteoma, se aplican dos técnicas instrumentales muy concretas: la resonancia magnética nuclear y la espectrometría de masas. También son importantísimas las herramientas informáticas y el tratamiento estadístico necesario. Al igual que las ciencias tradicionales como la física, la química o la biología deben trabajar de forma conjunta, la metabolómica debe estar integrada con la proteómica, la genómica y las demás ciencias ómicas. Mediante una metodología muy parecida a la que usa Ana con sus proteínas, yo hago análisis que me permiten encontrar metabolitos específicos relacionados con el desarrollo de una enfermedad. De esta forma, es posible saber si una persona está enfermando y atajar el avance de su dolencia. Además, analizando la variación de los metabolitos relacionados con esa patología tras la administración de un tratamiento farmacológico o nutricional, sabemos si este resulta efectivo. Incluso podemos prevenir la aparición de muchas enfermedades asegurándonos de que la concentración de determinados metabolitos es óptima.

—¿En qué trabajas ahora concretamente?

—Trabajo en la prevención de la obesidad y de la diabetes.

En mi laboratorio estudiamos determinados metabolitos presentes en la orina y el suero (como ciertos aminoácidos, lípidos, hidratos de carbono y ácidos nucleicos) y que están asociados al riesgo de desarrollar ambas enfermedades. Si observamos que las concentraciones de algunos aminoácidos (especialmente los de cadena ramificada, como isoleucina, leucina y valina), ácidos grasos libres en suero (ácido oleico, palmítico, palmitoleico y esteárico) o hidratos de carbono (principalmente glucosa, fructosa y glicerol en suero) superan ciertos límites, suenan todas las señales de alerta y actuamos rápidamente. En primer lugar, identificamos qué ruta metabólica está alterada y, a continuación, administramos el tratamiento adecuado para normalizarla hasta que los niveles de esos metabolitos son correctos. Así, luchamos contra la obesidad y la diabetes tanto a nivel de prevención como de tratamiento.

—Aunque Dani, Ana y tú trabajáis en áreas diferentes, todas ellas están muy relacionadas. ¡Tenéis un arte que no se puede aguantar!

—¡Qué rumboso estás! Por cierto, ¿sabes que a mí me encanta el flamenco y que hay un montón de ciencia en él?

—No sabía que en Extremadura estuviese tan arraigado el flamenco. Creía que era solo cosa de Andalucía. Pero eso de que hay ciencia tras el flamenco nos lo vas a tener que demostrar.

—Escucha, chaval... En noviembre de 2010 la Unesco declaró el flamenco Patrimonio Cultural Inmaterial de la Humanidad por iniciativa de las comunidades autónomas de Andalucía, tu querida Murcia y mi amada Extremadura. Además, el flamenco ya no es solo cosa de tablaos, sino también de laboratorios de universidades y otros centros de investigación, donde este género musical se estudia desde perspectivas multidisciplinares como la informática, la psicología, el deporte y hasta las matemáticas.

—¿Matemáticas y flamenco?

—Por supuesto. La relación entre la música y las matemáticas se conoce desde tiempos inmemoriales. La simetría y Mozart, las potencias y el valor de las notas musicales... Pitágoras descubrió, allá por el siglo V antes de Cristo, la importancia de los números en la música. De hecho, este filósofo griego y sus seguidores dividían las matemáticas en cuatro áreas: la aritmética, la geometría, la astronomía y la música. Curiosamente, las matemáticas y la música comparten una propiedad excepcional: son lenguajes universales. Sin embrago, a la ciencia le ha costado «meter mano» al flamenco, un género musical, con sus propias tradiciones y normas, cuyas principales facetas son el cante, el toque y el baile. La mayoría de las composiciones tienen características propias que sirven para identificarlas del resto, como su ritmo, su melodía, el timbre de los instrumentos o la armonía que forman en conjunto. Desde el punto de vista de la ciencia son fáciles de analizar. Pero esto no ocurre con el flamenco. Un cantaor ejercita su cante por la mañana, pero si le pides que lo repita al mediodía, ya no puede hacerlo. El mismo cante de la misma persona varía cada vez que se entona y no hay partituras, lo que hace más difícil catalogarlo. El flamenco se canta a golpe de efecto, de quejío, de intuición. Sin análisis técnicos. Y esto complica el encontrar patrones similares entre unos cantes y otros. Pues bien, para solucionarlo, hace unos años se puso en marcha el proyecto Cofla (Computación y Flamenco), que enfoca el estudio de la música flamenca desde una perspectiva tecnológica. La investigación analiza cómo los modelos matemáticos y computacionales pueden ayudar a estudiar y sintetizar la música flamenca, que se aborda con enfoques multidisciplinares que incluyen, entre otras disciplinas, la algorítmica, las matemáticas, la psicología y el procesamiento de señales de audio. Estos avances pueden además ser útiles para la docencia, divulgación y conservación del arte flamenco.

—Ojiplático me dejas.

—El proyecto Cofla, dirigido por José Miguel Díaz-Báñez, catedrático de Matemáticas Aplicadas en la Universidad de Sevilla, ofrece además herramientas destinadas a la descripción automática de piezas flamencas en términos armónicos, melódicos o rítmicos para ahondar en una nueva disciplina, la etnomusicología computacional, que trata de analizar las músicas de tradición oral entroncadas con la cultura, teniendo el flamenco como objeto de estudio fundamental.

—Estoy flipando —repliqué, realmente sorprendido.

¡OLÉ LA RESONANCIA CINEMÁTICA!

La galardonada cantaora onubense Rocío Márquez Limón, reconocida por su versión particular y rompedora del flamenco, es también científica. Su tesis doctoral está basada en la resonancia cinemática. En realidad, las personas somos instrumentos y, dependiendo de cómo sean los huecos que tenemos dentro, los sonidos que emitimos varían de una forma u otra. Esta cantaora-científica repitió la misma melodía en el mismo tono pero en distintos resonadores (utilizando un equipo de resonancia magnética) para ver cómo afecta la fisiología humana al cante. Entre otras muchas cosas, mostró que el cuerpo de un cantaor define la forma en que canta flamenco. Esto explica por qué hay tantísimas formas distintas de interpretarlo, por encima de la importancia de las técnicas que puedas aprender. Para un buen funcionamiento del aparato vocal es fundamental una correcta respiración y la consecuente activación de la faja abdominal. Sin embargo, hasta que el aire no pasa por las cuerdas vocales y resuena en la cabeza, no acaba de definirse el «color» del sonido.

—Espérate, que hay más. También se han desarrollado estudios científicos para investigar el «duende» del baile flamenco.

—¿El duende? ¿Científicos? —pregunté asombrado.

—La expresión «tener duende» se refiere, en el mundo del flamenco, a aquella persona que posee un talento especial en el cante, el baile, el toque o la caja. Evidentemente la expresión «investigar el duende» no es literal, pues lo que se ha analizado mediante termografía es la temperatura de los cuerpos de bailaoras de flamenco, observándose que la huella térmica flamenca está relacionada con la activación de diversas áreas cerebrales, habilidades técnicas y estrés empático. Un grupo de científicos de la Universidad de Granada, pertenecientes al Centro de Investigación Mente, Cerebro y Comportamiento, han empleado la huella térmica del «duende» flamenco para diferenciar qué bailaores «sienten» realmente el baile y cuáles no. En el estudio participaron diez bailaoras de flamenco que llevaban al menos una década en la profesión. Mediante un termógrafo de última generación, los científicos midieron la temperatura de diversas partes de su cuerpo en reposo, mientras bailaban flamenco y mientras veían vídeos en los que otras personas lo hacían. Las bailaoras experimentaron un descenso significativo de la temperatura de su nariz y sus glúteos (una media de 2,1 °C) mientras bailaban, algo que también ocurría, pero en menor medida (en torno a 1 °C), cuando miraban una grabación. Los resultados muestran que «sentir el duende» implica un estado emocional contrario a tener empatía, mientras que el cambio de temperatura en los glúteos y la nariz es un excelente marcador que determina una mejor comprensión emocional del flamenco, pues implica, en términos psicológicos, un mayor estrés empático.[4] Y, por cierto, ¿creéis

[4] Elvira Salazar-López *et al.*, «The Thermal Imprint of Flamenco Duende», *Thermology International*, 24 (4), enero de 2013, pp. 147-156;

que un licenciado en Educación Física puede contribuir al desarrollo del flamenco?

—Yo ya me lo creo todo.

—Alfonso Vargas, licenciado en Educación Física y doctor por la Universidad de Cádiz, demostró en su tesis que las exigencias físicas de un bailaor son similares a las de un atleta de élite. Además, aplica las ciencias biomecánicas, tan importantes entre los deportistas de alto rendimiento, al flamenco. Este científico estudió más de 150.000 fotogramas con tecnología 3D y analizó cómo se mueve un bailaor. Con las imágenes grabadas con sistema PAL y a 25 fotogramas por segundo, captó el arte de diecisiete bailaores por veinticuatro palos distintos para recoger el braceo, la vuelta de tacón, el zapateado o el marcaje de los pies.[5] Sus resultados sirven tanto para mejorar la técnica del flamenco como para prevenir lesiones. Analizando la pisada de un bailaor durante el zapateo, se puede saber si los gestos del pie son correctos y evitar complicaciones óseas, sobrecargas, dolencias y lesiones provocadas la repetición de gestos propios de un baile.

—Está claro —concluí— que detrás de una bailaora, de un cantaor o de un fandango hay muchísimas disciplinas científicas

—¡Ni lo dudes! Así que os espero en la Feria de Badajoz. Os enseñaré mucho de metabolómica, pero también os demostraré *in situ* cómo se baila el flamenco.

Poco a poco nuestras agendas se iban llenando de fiestas populares. Todos los miembros de los Anchoas estábamos

disponible en <researchgate.net/publication/276285766_The_Thermal_Imprint_of_Flamenco_Duende>.

[5] Alfonso Vargas Macías, *El baile flamenco: estudio descriptivo, biomecánico y condición física*, Centro de Investigación Flamenco Telethusa, Cádiz, 2009.

encantados, aunque Antonio, quizás el más introvertido del grupo, no lo parecía tanto.

—Un pamplonica como yo nunca abandona a sus amigos, así que os acompañaré, pero me dedicaré a beber manzanilla mientras os subís al tablao. Menos mal que la transcriptómica me separó de vosotros tras la facultad...

—¿Transcrip... qué? —preguntamos al unísono.

—Transcriptómica. Actualmente trabajo en un centro de investigación de Pamplona donde me especialicé en esta nueva disciplina. Para comenzar, ¿recordáis el proceso de transcripción del ADN? En él se transfiere la información contenida en la secuencia del ADN hacia la secuencia de proteína utilizando diversos ARN como intermediarios. En este proceso, las secuencias de ADN son copiadas a ARN mediante una enzima llamada ARN polimerasa, la cual sintetiza un ARNm que mantiene la información de la secuencia del ADN. Por eso la transcripción del ADN también podría llamarse «síntesis del ARN mensajero»...

—Aún recuerdo —lo interrumpí— la obsesión del profesor con el ácido ribonucleico, el ácido nucleico formado por una sola cadena de ribonucleótidos.

—Exacto. La transcriptómica es el estudio del conjunto de todos los ARN que existen en una célula, tejido u órgano.

EL TAMAÑO SÍ IMPORTA

Los transcriptomas, al igual que los proteosomas y los metabolomas, fluctúan mucho con el tiempo, ya que muestran qué genes se están expresando en un momento dado. Por eso el ARN es específico de cada célula y de las condiciones fisiopatológicas en determinado momento. Eso sí, la transcriptómica incluye tanto el ARN codificante como el no codificante.

Un ARN no codificante es una molécula de ARN funcional que, a diferencia del ARN mensajero, no se traduce en una proteína. Cuando estudiábamos, se creía que una gran parte del ADN que no se transcribía a ARNm no tenía ninguna función. Sin embargo, además del ARNm existen otros transcritos no codificantes que tienen como función regular la expresión de los ARNm codificantes. En la actualidad, sabemos que estas regiones del ADN son secuencias reguladoras de la expresión de diversos genes y no «basura».

Pues bien, se estima que solamente el 3 % del genoma se transcribe en ARN y solo el 1,2 % se traduce en proteínas en cada tipo celular. Por esta razón, el tamaño del transcriptoma es siempre mucho menor que el del genoma de un organismo.

—¿Y qué consiste exactamente vuestra investigación?

—Trabajamos con células cancerígenas —respondió Antonio—, ya que los transcriptomas de las células cancerosas pueden ayudar a entender los complicados procesos de carcinogénesis y de desarrollo y diferenciación celular. Mediante biochips (*microarrays*) de ADN, unas superficies sólidas a las cuales se unen fragmentos de este ácido nucleico, analizamos miles de moléculas de ARN de todo tipo. Es decir, determinamos el transcriptoma. En realidad, la transcriptómica es el paso previo a la proteómica.

—Aunque en los encierros de San Fermín de tu querida Pamplona no hay mucha ciencia, lo cierto es que tu trabajo es apasionante.

—¡¿Que no hay ciencia en los toros?! —protestó nuestro amigo—. Se han publicado tesis doctorales relacionadas con el toro de lidia, considerado como una subespecie del género *Bos taurus*, un organismo herbívoro y rumiante que ha evolucionado a nivel de grupo, población y comunidad. Independientemente de que estés a favor o en contra de la tauromaquia, desde el punto de vista científico las conclusiones son muy interesantes. Además, nunca se sabe en qué área se aplicarán los resultados obtenidos en otro campo muy diferente. Una de esas tesis, dedicada al sentido de la vista de esos bellos animales, mezcla tres disciplinas científicas: la física, la óptica y la veterinaria.[6] Su objetivo general era estudiar en detalle la óptica del ojo del toro de lidia para descifrar cómo ve este animal y, así, intentar comprender su comportamiento tanto en el campo como en el ruedo.

A VISTA DE TORO

El campo visual que tiene un toro de lidia es una de las incógnitas que siempre se ha planteado el mundo de la tauromaquia. Al igual que el resto de los bovinos, el toro bravo tiene una zona de exclusión visual frontal, o zona ciega, donde carece de visión.

Para quien se pone delante de un toro de lidia, conocer las dimensiones de esa zona ciega (determinadas por la posición de las órbitas oculares y por la extensión que ocupan las células fotorreceptoras en la retina) es clave para saber dónde colocarse. Unos afirman que lo más cerca que el toro de lidia puede ver es a 3 m de distancia; otros sitúan este punto mucho más cerca, a 1 m; y hay quienes dicen que oscila entre 13-15 cm o, como mucho, 20 cm.

[6] Matteo Lo Sapio, *Estudio sobre diferentes aspectos de la visión y la anatomía ocular del toro de lidia*, tesis doctoral, Universidad de Murcia, Departamento de Anatomía y Anatomía Patológica Comparada, 2016; disponible en <tesisenred.net/handle/10803/365572>.

La citada tesis muestra que la longitud de la zona de exclusión visual en un toro cuatreño —de cuatro años, edad aproximada a la que suelen ser lidiados— es de unos 40 cm. Este resultado permite afirmar que el toro sí ve al torero colocado justamente delante de él. Por tanto, es posible que las faenas «tremendistas» en las que el diestro se coloca relativamente cerca y delante del toro y este no embiste, obedezcan más al sometimiento del animal en el desarrollo de la lucha que a causas relacionadas con los aspectos visuales.

Otro resultado interesante es que, en los toros, la distancia interpupilar y la zona de exclusión visual frontal aumentan con la edad. Los toros de lidia tienen dificultades para enfocar objetos cercanos, y los estudios han permitido demostrar que alrededor del 80 % son hipermétropes (y muchos, además, padecen astigmatismo). Como el ojo del toro está «diseñado» para mirar hacia abajo, si levantan la cabeza no son capaces de ver lo que está cerca de sus pezuñas.

—¿Por eso la muleta que emplean los toreros es roja?

—No tiene una razón científica —contestó Antonio—, porque el animal reacciona al movimiento, no al color. Un toro ve en tonos verdes, azules y rojos, pero en una tonalidad distinta a la que conocemos.

—Desde luego, los toros no tienen vista de águila... —intervino Carolina.

Aunque siempre parecía estar ausente, en su rico mundo interior, a nuestra amiga Carolina no se le escapa el menor detalle. Tras licenciarse, regresó a su Huelva natal y allí entró en un grupo de investigación adscrito al Hospital General, donde se especializó en una disciplina, hecha a su medida, que relaciona los comportamientos de la gente con su estado de salud a nivel genético

—¡Yque lo digas! ¿Sigues dedicándote a la epi... lo que sea?

—A la epigenómica, en efecto. Es una tecnología que está por todos sitios. Siempre se ha dicho que el ADN era una estructura simple y lineal, pero en las últimas décadas se ha demostrado que la secuencia de nucleótidos no es lo único que regula la expresión génica, sino que también influye el enrollamiento del ADN y su posicionamiento durante la formación de estructuras complejas que construyen los cromosomas. De hecho, el ADN puede plegarse formando estructuras tridimensionales capaces de regular regiones muy lejanas. Pues bien, la epigenómica engloba el conjunto de reacciones químicas y demás procesos que modifican la actividad del ADN sin alterar su secuencia en un momento dado y en condiciones fisiopatológicas específicas. Pero lo mejor viene ahora. Todos estos cambios son fruto de la conexión entre la expresión de nuestros genes y factores no solo internos, sino también medioambientales, y se transmiten a las células hijas.

—¿A qué factores ambientales te refieres? ¿Cómo se producen esos cambios que no afectan a la secuencia del ADN pero sí a la expresión de los genes y, por tanto, a la síntesis de proteínas?

—A factores no genéticos entre los que se encuentran la malnutrición, el tabaquismo, el sedentarismo, la exposición al sol, el consumo de drogas, el estatus educativo y socioeconómico, etcétera. Estas prácticas producen la adición de grupos metilo (metilación) de los nucleótidos del ADN y la metilación o adición de grupos acetilo (acetilación) de las histonas, es decir, de las proteínas sobre las cuales se enrolla el ADN durante la formación de los cromosomas. En nuestro laboratorio estudiamos cómo todos estos cambios afectan al desarrollo de un organismo. Por ejemplo, investigamos el efecto del sol sobre el cáncer de piel. Algunos de nuestros resultados muestran cómo la piel que ha sido expuesta al sol sin protección tiene, en su ADN, menos grupos metilo que la que ha sido protegida adecuadamente. Los mismos patrones con menor cantidad de grupos metilo se han reconocido en las células cancerosas. Así, la epigenómica de la exposición al sol y la de la progresión del cáncer son similares.

—¿Y en Huelva hay muchas cosas que hacer aparte de trabajar en epigenómica?

—Muchísimas. En mis ratos libres, sin ir más lejos, utilizo la ciencia para que la gente disfrute con la religión.

—¡¿Ciencia y religión?! —exclamamos todos horrorizados.

—¡Tranquilos! No seré yo quien, desde el respeto, niegue la más que evidente brecha que separa la ciencia de la religión. Sin embargo, las procesiones de Semana Santa son una de las conexiones entre ambas. La ciencia influye en la salud tanto del paso o trono —pues son piezas de enorme valor artístico— como en la del costalero o estante que lo porta en sus hombros o espaldas. Vayamos por partes. En Murcia, la ciencia y la tecnología ayudaron a reparar el maltrecho trono barroco del Santísimo Cristo del Amparo, tallado en madera y que pesa unos 650 kg. Son muchos los factores que pueden dañar las obras de arte: la humedad, la polución ambiental, la luz solar, el envejecimiento de los materiales empleados en su elaboración, etcétera. Las esculturas, al ser tridimensionales y estar conformadas mediante volúmenes, suscitan problemas relativos a la materia constitutiva del objeto tallado, modelado o fundido, y al desigual desgaste de sus diferentes zonas. Si además son policromadas, hay que atender al deterioro de la policromía causado por alteraciones internas estructurales o por agentes externos. Para identificar y reparar estos deterioros sufridos por las esculturas con el paso del tiempo, hace falta un equipo interdisciplinar de profesionales compuesto entre otros por historiadores, restauradores... y científicos. Entre sus numerosas funciones está la de seleccionar las mejores técnicas para el análisis y reparación de las estructuras. Para ello emplean métodos ópticos y estudios de superficie (microscopías con luz polarizada, de fluorescencia o confocal); técnicas cromatográficas (gaseosas, líquidas o en placa fina); técnicas espectroscópicas y difractométricas (espectroscopia infrarroja por transformada de Fourier, Raman o difracción de rayos X); o estudios físicos, entre otras herramientas. El uso de todas ellas, aisladas o combinadas, permite no solo un análisis pormenorizado de la estructura original de las obras de arte, sino también la identificación precisa de los compuestos empleados en su elaboración, tanto orgánicos como inorgánicos. Por ejemplo, gracias a la espectrometría Raman, consistente en irradiar la muestra con un láser y medir la luz dispersada, unos investigadores españoles de la Universidad de Córdoba determinaron el color original de varias esculturas romanas que han sufrido un proceso de decoloración con el paso del tiempo. Así que, correlacionando la longitud de onda de la luz dispersada con diferentes enlaces químicos, es posible determinar la naturaleza del pigmento empleado originalmente en la pintura. Además, los científicos que forman parte de estos equipos restauradores también deben conocer las principales características de los materiales empleados en su día por los artistas para la realización de sus obras (maderas, yeso, terracota, arcillas, pinturas, mármol, metales, cuero, fibras, etcétera) y las propiedades de los innovadores materiales que se emplean actualmente para la reparación de los materiales antiguos deteriorados.

UN MILAGRO TECNOLÓGICO

En su última restauración, el Cristo del Amparo murciano llegó a los talleres con una fisura de casi 3 mm en la unión del brazo izquierdo con el torso. El primer paso fue localizar el origen de esta anomalía. El uso de la avanzada tecnología con la que cuenta el Centro de Restauración de la Comunidad Autónoma de Murcia sirvió para estudiar su estructura, localizar el origen del daño y repararlo.

A través de los rayos X se descubrió que, en una de las anteriores restauraciones, se le habían incorporado unos clavos de «rosca madera» ante la ausencia de su espiga original. Fue un error. La utilización desacertada e incompatible del hierro y la madera fue lo que produjo el daño en la pieza. Una vez descubierto el origen de la fisura, se emplearon diferentes técnicas, como la inyección de resinas y de pasta de madera, para solucionar el problema. También se aisló el hierro de la madera. Con ello se logró no solo reparar el daño, sino también evitar que el problema se repita en el futuro. Además, la talla se limpió con los materiales adecuados y se retocó su policromía.

El maravilloso resultado de todas estas acciones se puede ver todos los Viernes de Dolores durante su procesión por las calles de la capital murciana.

—Antes también has dicho que la ciencia y la tecnología ayudan a la salud de los costaleros o estantes. ¿A qué te referías?

—Un exhaustivo estudio descriptivo en 101 costaleros de la Semana Santa de Huelva, que presentaban una edad media de 28 años de edad y promedios de 1,74 m de altura y 82,59 kg de peso, analizó la asociación entre obesidad y presión arterial. Como ejemplo de trono, se escogió el paso de la Hermandad del Prendimiento de Huelva, el más grande de Andalucía, que cuenta con un peso de 2.898 kg y una cuadrilla de 60 costaleros, lo que supone que cada uno de ellos soporta una media de 48,3 kg. A los 101 costaleros les realizaron dos exámenes para medir su condición física: el test de Ruffier-Dickson, que mide la resistencia cardiaca al esfuerzo y la capacidad que tiene la persona para recuperarse tras este, y la prueba de Abalakov, que da cuenta de la fuerza o potencia del tren inferior de los sujetos. Dichas pruebas eran adecuadas para medir la altura de un salto, equivalente a la *levantá* del trono. A través de diferentes encuestas se demostró que los costaleros estudiados percibían su estado de salud como bueno y creían que cuidaban su dieta. Sin embargo, los resultados de las pruebas a las que se los sometió mostraron todo lo contrario: desde un punto de vista cardiovascular, eran un grupo de riesgo a medio y largo plazo. Por el tremendo esfuerzo realizado y su estado físico, su probabilidad de presentar una presión arterial anormal es elevada. El riesgo está en realizar un intenso esfuerzo físico sin una preparación física previa, sobre todo si se padece de sobrepeso u obesidad. Por ello, el estudio puso de manifiesto que las medidas preventivas deben ser una prioridad entre los costaleros de la Semana Santa.[7]

—Realmente —añadí— la ciencia está presente donde menos se espera...

—Pues vas a alucinar con lo que voy a contarte. Mientras

[7] José Miguel Robles-Romero, *El costalero en Huelva. Composición corporal y adecuación al trabajo*, tesis doctoral, Universidad de Huelva, Departamento de Enfermería, 2017; disponible en <rabida.uhu.es/dspace/bitstream/handle/10272/14523/El_costalero_en_Huelva.pdf>. Este trabajo dio lugar a José Miguel Robles-Romero *et al.*, «Anthropometric Measures as Predictive Indicators of Metabolic Risk in a Population of "Holy Week Costaleros"», *Journal of Environmental Research and Public Health*, 16(2), 2019, pp. 207-217; disponible en <rabida.uhu.es/dspace/bitstream/handle/10272/15958/Anthropometric_Measures.pdf>.

recorre las calles de Málaga en procesión, la imagen del Cristo de la Esperanza levanta su brazo e imparte su bendición a los fieles. Esto era posible gracias a un sistema hidráulico muy artesanal, cuyos defectos de diseño se habían agravado con el tiempo, de modo que se producían frecuentes fallos. Pues bien, un equipo de ingenieros del Instituto Andaluz de Automática Avanzada y Robótica ha robotizado el brazo con un sistema electrónico sencillo y ligero que garantiza un movimiento más natural.

Tanto hablar nos despertó el hambre. Como sabíamos que a Gregorio, el más alegre de los Anchoas, le gustaba comer bien —de ahí que no nos extrañara su dedicación a la nutrigenómica y a la nutrigenética—, lo pinchamos para que propusiera tomar algo. Gregorio siempre quiso cursar una carrera universitaria relacionada con la nutrición humana, pero en nuestra época aún no se había puesto en marcha en España la diplomatura, ahora grado, de Nutrición Humana y Dietética, así que estudiamos juntos.

—¿Qué tal te va con el estudio de las interacciones entre los componentes de la dieta y los genes? Es lo que siempre has querido estudiar... y degustar.

—Menos cachondeo. Me encanta la genómica nutricional, la nueva (aunque ya no tanto) disciplina que estudia las interacciones funcionales de los alimentos y sus componentes con el genoma a nivel molecular, celular y sistémico, con el objetivo de prevenir o tratar enfermedades a través de la dieta.

—Pero esa interacción se conoce desde hace tiempo...

—Claro. Carolina, al hablar de la epigenómica, ha mencionado el efecto de diversos factores ambientales en la expresión de los genes. Pues bien, la ingesta alimenticia es el factor ambiental al que todos estamos expuestos a lo largo de nuestra vida y, por tanto, es clave para la modulación de la expresión génica.

RUMBO A LA NUTRICIÓN PERSONALIZADA

Desde hace décadas se sabe que, debido entre otras cosas a nuestra variabilidad genética, los mismos nutrientes producen efectos diferentes en la población. Sin embargo, los estudios de las interacciones gen-nutriente a escala molecular son más recientes, aunque muchos no son concluyentes debido a fallos estadísticos o de metodología. Afortunadamente, en los últimos años se ha mejorado significativamente el diseño de los estudios sobre las enfermedades asociadas a las variantes genéticas, lo que ha generado un mejor entendimiento de la influencia de los nutrientes y de la dieta sobre el estado de salud y enfermedad de los humanos.

La «culpa» de esta mejora la tienen la nutrigenética y la nutrigenómica. Aunque las dos forman parte de la genómica nutricional (la disciplina que estudia la relación entre el genoma humano, la nutrición y la salud), hay claras diferencias entre ellas. Por un lado, la nutrigenómica es la herramienta que nos deja conocer, de manera global, los cambios en la expresión de genes en respuesta al consumo de un nutrimento, alimento o dieta. Es decir, se centra en el efecto de los nutrientes sobre el genoma, el proteoma y el metaboloma. Por otro, la nutrigenética estudia cómo las distintas variantes genéticas de las personas influyen en el metabolismo de los nutrientes, la dieta y las enfermedades asociadas a esta última. Incluye la identificación y caracterización de las variantes génicas asociadas a las respuestas diferenciales a los nutrientes.

El objetivo de la nutrigenética es generar recomendaciones relacionadas con los riesgos y beneficios de las dietas o componentes dietéticos específicos para la persona. Es lo que se conoce también como nutrición personalizada o individualizada. Gracias a la investigación en campos como la salud cardiovascular, sabemos, entre otras cosas, que la ingesta de ácidos grasos poliinsaturados como el docosahexanoico bloquea la expresión de genes implicados en la formación de la placa de ateroma que obtura las arterias.

—Todos hemos desvelado nuestro «lado oscuro». ¿Cuál es el tuyo, Gregorio?

—Es mucho más oscuro que el vuestro: desde que regresé a Tarragona, quiero convertirme en... ¡¡el mejor *casteller* de Cataluña!!

—¿En serio?

—Por supuesto. ¿Sabíais que los *castells*, que llegan a rozar los 12 m de altura, fueron declarados Patrimonio Cultural Inmaterial de la Humanidad por la Unesco en 2010? Y no tenéis ni idea de la gran cantidad de disciplinas científicas que hay en la formación de una de esas torres humanas. Levantarlos implica momentos de gran tensión y estrés, lo que justifica el incremento en los niveles de muchas hormonas. El metabolismo también se altera, así como la frecuencia cardiaca y la presión arterial. Pero si tuviera que elegir una sola rama de la ciencia que desempeña un papel clave en ellos, me quedaría con la física, ya que en realidad un *castell* es un conjunto de vectores de fuerzas en equilibrio. Hace unos años participé en el *castell* más grande jamás levantado hasta ese momento, el *quatre de deu amb folre i manilles*, una torre de diez pisos, con cuatro personas en cada uno de ellos, reforzado en el segundo piso (*folre*) y en el tercero (*manilles*). Entre todos los *castellers* que intervinimos, sumábamos unos 61.000 kg de peso.

—¿61 toneladas entre cuarenta personas? ¡Eso es imposible!

—Esa estimación incluye la *pinya*, una estructura al nivel del suelo que reúne a unas 700 personas que suman unos

49.000 kg. La *pinya* trabaja de forma compacta ejerciendo fuerzas de compresión para aguantar el *castell*. Gracias a su trabajo, se reduce el peso que aguantan los *castellers* propiamente dichos del piso inferior. Si no existiese, las espaldas de los cuatro *castellers* de la base, los *baixos*, tendrían que soportar los 1.934 kg de los nueve pisos superiores, es decir, unos 483,5 kg por cabeza. La ayuda de la *pinya* les ayuda a descargar peso y a absorber los picos de carga.

—¿Qué son los picos de carga?

—Buena pregunta —dijo Gregorio—. El peso que soportamos cada *casteller* no es constante durante todo el tiempo, y eso es un problema para nuestras espaldas. Los *castells* son estructuras dinámicas en las que el peso que soportamos cada persona aumenta y disminuye en función de pequeños movimientos. Si la persona de encima se desequilibra unos pocos centímetros, el peso que soporta el *casteller* que la sostiene puede incrementarse hasta un 150 %. Es lo que se conoce como «picos de carga». Además, cuando un *casteller* sube o baja por el pilar o *tronc*, puede generar picos de carga que, desde la perspectiva de los *castellers* que están debajo, multiplican por dos y hasta tres su peso. Finalmente, cuanto más constante sea la velocidad de subida y de bajada y menos se separe el *casteller* del tronc, menos tensiones adicionales se generarán y menos riesgo habrá de que la estructura *faci llenya*, o sea, que se desmorone.

—¿Cómo se coloca la gente en la *pinya*? ¿A su libre albedrío?

—En absoluto. La física también determina la posición de todos sus miembros, determinada por la constitución de cada persona. Todos están en contacto, pecho con espalda y hombro con hombro, sin dejar huecos para transmitir la fuerza del empuje. La fuerza liberada por el peso del *castell* empuja la *pinya* hacia fuera. Sin embargo, el apelotonamiento organizado de sus miembros lo hace hacia dentro, lo que reduce la tensión en la estructura.

—¿Cómo podéis aguantar tanto peso sobre vuestras espaldas?

—Cuidamos mucho nuestra forma física, entrenamos entre dos y tres veces a la semana y tenemos una gran aliada, la faja que nos enrollamos a la cintura. Esta prenda evita que las paredes abdominales se deformen debido al peso que soportamos y ayuda a descargarlo a la columna vertebral. Pero la clave está en repartirlo de forma equilibrada. Supongamos que un *casteller* aguanta 250 kg. Aplicando la ley de la gravedad, sabemos que la fuerza que recibe es de 2.500 newton (N). Cuando se sobrecargan 700 N más en un hombro que en el otro, la musculatura de la columna no solo lo tiene que compensar, sino que en realidad debe hacer una fuerza de 1.400 N, porque el brazo de palanca de la musculatura es más pequeño. O sea, la distancia de la columna al punto del hombro donde se genera la fuerza es más grande que la distancia de la musculatura a la columna.

—Me aterra cuando veo caerse a los *enxanetes*, los niños que suben a lo más alto del *castell*.

—Las caídas son espectaculares, pero pocas veces se producen lesiones graves. Cuando un *casteller* cae, el movimiento que rige su descenso no es el de caída libre. Se producen colisiones con sus compañeros, que absorben energía y frenan la caída. Además, hay que tener en cuenta el principio de conservación de la energía. La energía que acumula cada *casteller* cuando está alineado en la torre es igual a su masa, por la gravedad y por la altura a la que está situado. Es decir, cada *casteller* tiene una energía potencial. En caso de caída, esta energía potencial se convierte en energía cinética, pero parte de ella será absorbida por la *pinya* en el momento del impacto.

—¿Se pueden hacer *castells* más grandes, como un *quatre d'onze*, con once pisos y cuatro personas en cada uno de ellos? —pregunté interesado.

—Cuantas más personas haya en la base, más estable será el *castell*, pero encajar todas las piezas se convertirá en un puzle sumamente complejo. Por eso, el primer *quatre de deu* se logró mucho tiempo después que el *tres de deu*. Por otra parte, levantar un *quatre d'onze* presenta un «riesgo de derrumbe» muy elevado. Según algunos especialistas, una torre de once pisos con cuatro *castellers* en cada uno de ellos requeriría 900 personas en la *pinya* (frente a las 700 del *quatre de deu*) y muchas más personas en los pisos intermedios. Además, el peso total de la estructura alcanzaría unos 80.000 kg. Es muy difícil, pero no imposible. Por eso lo vamos a intentar. Estáis invitados a verlo. Eso sí, tendréis que formar parte de la *pinya*.

5

GLAMUR, BELLEZA Y ESCEPTICISMO

Hace unos años tuve un problema con una famosa actriz, cantante, bailarina, diseñadora de moda, perfumista y empresaria estadounidense de origen portorriqueño. El motivo fue un error que esta estrella mundial difundió al anunciar un champú. Reconozco que se me fue la mano en mi respuesta y se armó un buen lío. Meses más tarde, quedamos en Nueva York para limar asperezas. La mañana del 3 de enero, mientras yo corría (perdón, hacía *running*) por la Dehesa de Campoamor, nos volvimos a encontrar. Intercambiamos los saludos de rigor y convinimos en quedar una noche, pero no aquella, pues yo tenía una cita muy importante con una gran mujer. Y lo que había comenzado como un encuentro casual se transformó en una surrealista conversación científico-glamurosa.

—Perdona mi sinceridad —me dijo—, pero no tienes buen aspecto. Así no puedes ir a una cita con nadie. Es imprescindible cambiar tu imagen. Relájate y ponte en mis manos. Te debo una desde que, en el anuncio del champú, dije que llevaba arginina, «una proteína que proporciona al cabello una triple acción» y me dejaste bien claro que se trata de un aminoácido. Para empezar, te estás quedando calvo y hay que encontrar una solución inmediata.

—Pertenezco a ese 50 % de hombres españoles que sufre alopecia androgenética, es decir, calvicie común. Pierdo, más o menos, cien cabellos diarios y las causas pueden ser varias. El folículo piloso, la parte de la piel que da crecimiento al cabello, se rige por dos metabolismos, uno energético y otro androgenético. En el caso del metabolismo energético, la falta de nutrientes, dietas muy estrictas o problemas de absorción pueden provocar la caída del cabello. En el caso del metabolismo androgénico, se debe a una proteína con un nombre muy raro, 5-alfa-dihidrotestosterona.

—Menos mal que soy mujer y jamás me quedaré calva.

—Siento desilusionarte. La alopecia androgenética se debe a la acción de las hormonas masculinas, pero afecta a hombres y mujeres jóvenes a cualquier edad tras la adolescencia, aunque en vosotras es más común que empiece tras la menopausia. De hecho, un 10 % de las mujeres también padecéis calvicie común...

—¿Yo? Perdona, bonito, por mí no pasa el tiempo. No quiero hundirte, pero está demostrado que los hombres resultan más atractivos y parecen más jóvenes con pelo. ¿Tu querida ciencia puede ayudarnos?

—Está complicado. Hace unos días me hice un análisis local del cabello para comprobar su grosor y densidad. Los resultados mostraron que, a medida que pasa el tiempo, tengo más cabellos miniaturizados que, aunque son viables y están vivos, cada vez que vuelven a salir son más pequeños y finos. Por suerte, existen tratamientos para mejorar su densidad. Y menos mal que no tengo calvas, porque el trasplante sería la única opción. Tendrían que ponerme anestesia local y extraerme uno a uno los cabellos de una zona apta, como la nuca, para implantármelos después en las calvas.

UNA MELENA A LO TRUMP

Uno de los fármacos más conocidos contra la calvicie es la finasterida. Es el que, según su médico, emplea Donald Trump para mantener su pelazo. Funciona bloqueando una enzima que transforma la hormona testosterona en otro metabolito que activa la calvicie. Su uso es controvertido por la posible aparición de efectos secundarios relacionados con la disminución del apetito sexual y con trastornos de la erección y la eyaculación. Pero estos no están nada claros, pues quizá se deban a la edad y no al fármaco.

Otra opción es el minoxidil, que se utilizaba para tratar la hipertensión hasta que se vio que también inducía el crecimiento de los cabellos, al alargar sus ciclos y su grosor. Puesto que puede alterar la tensión arterial, se aplica en forma de loción o, en caso de que se necesiten dosis muy altas o una mayor absorción de este fármaco, se emplean inyecciones similares a las usadas en estética para administrar colágeno.

También existen tratamientos muy novedosos como el uso de plasma rico en plaquetas o la inyección de células madre, aunque aún no hay pruebas científicas suficientes que avalen su eficacia. Eso sí, lo que está demostrado es que las alternativas para el crecimiento del pelo nada rigurosas como la carboxiterapia, la ozonoterapia, la levadura de cerveza y demás únicamente sirven para tirar el dinero.

Sin dejarme decir nada más, mi célebre interlocutora me condujo a la biopeluquería de un amigo suyo con la intención de hacerme peinar a la última moda. Lo de «biopeluquería» ya me pareció mal, pero todo empeoró nada más entrar.

—Hola. ¡Cuánto tiempo sin verte, querida! —dijo el biopeluquero—. ¡Oye, tu amigo necesita un cambio urgente! Precisamente, hoy está de oferta el lavado con agua biopolar...

Y, acto seguido, me soltó una retahíla de frases sin sentido, pero grandilocuentes y llenas de palabrería científica: «niveles celulares», «vehículos transmisores de orden cuántico», «emisiones fotónicas», «soluciones bionaturales», etcétera. Era un clarísimo ejemplo del *marketing* pseudocientífico (que tantas veces he denunciado) con el que los departamentos de ventas abusan de la confianza de los consumidores en la ciencia.

—No te preocupes —repliqué—. Con el agua del grifo me vale.

—Deja entonces que te lave con el producto de moda: orina de camello. Es eficaz en el tratamiento de ciertas enfermedades de la piel, elimina la caspa y hará que tengas un pelo brillante y grueso. También es beneficiosa en el tratamiento de la hepatitis, incluso si se ha alcanzado una etapa avanzada en la que la medicina no puede hacer nada, pero en ese caso tendrías que beberla. Y si no te convence, puedo aplicarte champú de placenta vegetal.

—Me estoy enfadando... Es cierto que la placenta vegetal existe, pero no tiene nada que ver con los champús. Las angiospermas son las plantas con semilla cuyas flores tienen verticilos o espirales ordenados de sépalos, pétalos, estambres y carpelos. Estos últimos forman la parte reproductiva femenina de la flor, ya que encierran los óvulos y reciben el polen en su superficie estigmática, en lugar de recibirlo directamente en el óvulo como las gimnospermas. Pues bien, el tejido de la cara interna del carpelo sobre el cual se forman los óvulos recibe el nombre de placenta, pero, por mucho que la publicidad diga que «actúa nutriendo la circulación sanguínea del cuero cabelludo y facilitando por tanto el crecimiento y el nacimiento del cabello», esta placenta vegetal no aporta nada a un champú. Lo que el fabricante del champú añade en realidad es un simple extracto de proteína de maíz hidrolizada, un ingrediente presente en muchos otros champús y que se extrae de las mazorcas. Este agente ayuda a tener un cabello con una apariencia más voluminosa, pero no ayuda a que nazca o crezca.

—¿Y este champú sin gluten? —preguntó al tiempo que me mostraba el envase.

—¿En serio? Los champús normales no contienen esa proteína, así que anunciarlos como «sin gluten» no tiene ningún sentido. Esos eslóganes publicitarios en cosméticos lo único que consiguen es fomentar la quimiofobia entre la sociedad, pero no hacen que el producto sea más seguro o más eficaz. El gluten no atraviesa la piel ni se introduce en el organismo si no se ingiere, por lo que su presencia en un champú no implicaría ningún riesgo para las personas celíacas. Tendrías que beberte el champú y, si cometes esa imprudencia, lo que menos debe preocuparte es la presencia de gluten.

—Como sé lo que ocurrió, no voy a ofrecerte el champú con arginina que anunció nuestra común amiga. Sin embargo, reconoce que *proteína* suena mejor en un anuncio que *aminoácido*. Esa terminología química queda fatal en las etiquetas y no ayuda a incrementar nuestras ventas. Pero déjame hacer un último intento. Aquí tengo un champú que emplea en su composición ADN marino, arroz rojo y péptidos, y este otro con ARN y células madre. Si no te gustan, también tengo champús funcionales enriquecidos en vitaminas y que llevan agua de manantial y manzanilla orgánica destilada o ungüentos que activan los genes de la eterna juventud. Y te recomiendo unas ampollas con guaraná, ginseng y bardana orgánica que eliminan la caspa...

Me marché sin despedirme siquiera. Me indigna ver como hay gente que se aprovecha de la ciencia para engañar al consumidor. Cuando solo había andado unos metros, mi famosa acompañante me cogió del brazo.

—Tranquilízate. No puedo dejarte acudir a tu romántica cita con esa piel tan seca. Tengo una mascarilla que te ayudará. Lleva esperma de ballena.

—¿Me estás hablando en serio? —repliqué con un tono que hizo que mi interlocutora olvidase el ofrecimiento.

BRILLANTE COMO UNA BALLENA

El esperma de ballena es un ácido graso blanquecino presente en las cavidades del cráneo del cachalote (*Physeter macrocephalus*) y en las grasas vascularizadas de todas las ballenas. Tras someterlo a una cristalización a 6 °C y a un tratamiento con presión y una solución química de álcali cáustico, se consiguen unos cristales blancos brillantes y duros, pero que resultan aceitosos al tocarlos. Gracias a su textura y a su olor, este material es muy apropiado para la industria cosmética, los trabajos en cuero y los lubricantes. Aunque el esperma de ballena no tiene efecto positivo sobre la salud, más allá de que te guste su textura u olor, si te lo pones después de la ducha, tu piel quedará reluciente.

—Pasemos a la ropa —dijo ella—. Aunque quieras impresionar a tu cita, queda muy macarra ir en camiseta en el mes de enero.

—No te preocupes. Mi camiseta, fabricada con una tela sensible al calor, forma parte de lo que ahora se llama «ropa inteligente».[8] Es tan lista que se adapta al tiempo atmosférico que hace en cada momento. En su composición destaca un

[8] Xu A. Zhang *et al.*, «Dynamic gating of infrared radiation in a textile», *Science*, 363(6427), pp. 619-623; disponible en <science.sciencemag.org/content/363/6427/619>.

hilo hecho con fibras que se expanden o contraen en respuesta al calor y la humedad. El hilo se compone de dos materiales sintéticos: uno absorbe agua y el otro la repele. Las hebras, además, están recubiertas de nanotubos de carbono cuya estructura se modifica dependiendo de la temperatura. Cuando el hilo está caliente o húmedo, se compacta, generando espacios para que el calor sea liberado efectivamente. Por otro lado, si el hilo se encuentra frío o seco, se expande y así se reducen los espacios por donde el calor podría escapar. Mediante este proceso, el tejido puede bloquear la radiación infrarroja o dejarla pasar.

—Me has convencido, te dejo ponerte esa camiseta. No olvides llevarle dos regalos, uno tradicional y otro más atrevido. El primero debe ser un ramo de rosas. El otro, algo más íntimo, un sujetador, por ejemplo. ¿Cuál es su color favorito?

—El azul. Un color complicado de encontrar en unas rosas, aunque podríamos solucionarlo. En cuanto al sujetador, no me parece lo más apropiado para la mujer con la que he quedado.

—El sujetador es imprescindible. Dime antes cómo vamos a solucionar lo de las rosas azules.

—En realidad las rosas azules que se ven en muchas floristerías no son más que rosas blancas tintadas con colorantes. La dificultad para obtener una rosa azul genuina reside en que los pétalos de las rosas no poseen el gen necesario para producir la delfinidina. Esta molécula pertenece al grupo de las antocianinas, unos pigmentos hidrosolubles que, además de otorgar el color azul a algunas hojas, flores y frutos, también sirve para protegerlas de la radiación ultravioleta o para atraer insectos polinizadores. A la carencia de delfinidina se suma el problema de que, al ser un pigmento hidrosoluble, esas rosas azules se desteñirían fácilmente. Por eso se desató una interesante lucha por conseguir la primera rosa azul genuina. El primero en intentarlo fue el inglés Frank Cowlishaw, que pasó veinticinco años de su vida cruzando entre sí diferentes tipos de rosas. En 1999 produjo la variedad Rhapsody in Blue, obtenida mediante técnicas de mejora genética. Sin embargo, esta rosa no era azul, sino morada. Posteriormente, varios científicos japoneses y chinos se enzarzaron en una guerra sin cuartel por ser los primeros en obtenerla. Mediante ingeniería genética, los nipones insertaron en una rosa roja un gen procedente de la petunia. Este gen produce la enzima indispensable para sintetizar la delfinidina. También insertaron un gen «silenciador» para evitar que la rosa fabricase cianidina, el pigmento rojo que le da su color tradicional. Por desgracia, la rosa que obtuvieron tampoco fue azul completamente, ya que seguía teniendo rastros de cianidina y, por tanto, aún presentaba tonalidades rojas. Tras muchas investigaciones, eliminaron los restos de cianidina y, en 2009, lograron comercializar y exportar la primera rosa cuyos pétalos solamente tenían pigmentos azules. La bautizaron como Aplausse. Aunque los japoneses se dieron por satisfechos con el resultado de Aplausse, muchas personas opinaron que esta rosa era más bien malva. Entonces, unos investigadores chinos abordaron el problema de la rosa azul desde otra perspectiva. En vez de insertar en el genoma de la rosa el gen responsable de la síntesis del pigmento azul delfinidina, lo que hicieron fue utilizar dos enzimas bacterianas capaces de sintetizar otro pigmento azul, la indigoidina. Para ello emplearon una cepa de *Agrobacterium tumefaciens*, un microorganismo muy utilizado en biotecnología vegetal por su capacidad para insertar ADN extraño en el genoma de las plantas. Cuando se inyectó la bacteria a las rosas blancas, se transfirieron los genes de síntesis del pigmento y un verdadero color azul comenzó a propagarse desde el lugar de la inyección. El resultado sigue siendo una flor blanca, pero con pequeñas manchas azules extendidas por sus pétalos.[9]

—¡Perfecto! Lleva esta noche un ramo de esas rosas azules transgénicas, tengan el precio que tengan. Respecto al sujetador que le debes regalar, yo utilizo uno «supercientífico» que hace que mi piel esté más firme, suave, tersa e hidratada. Además, mi busto está más firme y tonificado y puedo lucir un escote más cuidado y atractivo. Todas estas maravillosas propiedades se consiguen mediante la técnica de microencapsulación molecular con la que se ha elaborado esta prenda íntima. El sujetador está compuesto de un 24 % de elastano, un 75 % de poliamida y una serie de compuestos bioactivos. Aunque esas fibras se emplean en la mayoría de los sujetadores y seguro que ya las conoces, lo verdaderamente especial del que te recomiendo es la presencia de unos compuestos bioactivos de naturaleza hidrofóbica (retinol, ácido oleico, ceramidas, aloe vera y ácidos grasos). Al añadir estos ingredientes al proceso de elaboración del sujetador, quedan atrapados en el interior de la poliamida. Se forman así una serie de microcápsulas que son incorporadas a las fibras del sujetador durante el proceso de hilado, de modo que cada filamento contiene miles de microcápsulas. Por la fricción con la piel, estas microcápsulas se van rompiendo y los compuestos bioactivos se liberan de forma constante y gradual, haciendo que su acción fisiológica y sensorial sobre mi busto perdure en el tiempo. Esos compuestos estimulan la síntesis de colágeno rejuveneciendo mi piel, restauran la barrera de la piel aportando un efecto tensor inmediato, proporcionan elasticidad y flexibilidad, eliminan arrugas prematuras y manchas seniles, previenen y eliminan las estrías... y mil cosas más.

[9] Azucena Martín, «En busca de la rosa azul: una flor de leyenda china», *Hipertextual*, 12 de octubre de 2018; disponible en <hipertextual.com/2018/10/busca-rosa-azul-flor-leyenda-china>.

—Espera un momento. Tu sujetador tiene dos problemas: uno científico y otro práctico. Por una parte, la tecnología de liberación controlada de compuestos bioactivos está respaldada científicamente, pero otra cosa muy distinta es la efectividad de los compuestos liberados. En el caso de tu sujetador, son necesarias evidencias científicas que justifiquen que los agentes liberados proporcionan todos los efectos que me has dicho, más allá de tus apreciaciones. Pero lo más importante: estoy convencido de que a mi cita no le gustará que me presente con un sujetador.

–Hazme caso, funcionará —repuso, haciendo oídos sordos a mis palabras—. Y para que estés bien despierto durante tu cita, vamos a tomar un café especial para personas mayores de cuarenta años. Concretamente, para las que deben reducir el cansancio y la fatiga. Según su publicidad, una sola taza al día ayuda a superar la crisis que sufrís los cuarentones. Lleva magnesio, que según la EFSA ayuda, entre otras cosas, a reducir el cansancio y la fatiga, a la normal función psicológica, al equilibrio de los electrolitos, a la síntesis normal de las proteínas, al funcionamiento normal de los músculos, al metabolismo normal de rendimiento de la energía, al mantenimiento normal de los dientes, al funcionamiento normal del sistema nervioso y al proceso de división de las células...

¿TODAVÍA MÁS MAGNESIO? NO, GRACIAS

Si observamos las ingestas dietéticas estimadas de este mineral adaptadas para la población española y los requerimientos medios estimados, la ingesta de suplementos con magnesio suele ser innecesaria. En 2015 la EFSA revisó la ingesta diaria recomendada (IDR) de magnesio como parte de la actualización de los valores dietéticos de referencia en la UE. Su grupo de expertos estableció una ingesta recomendada de magnesio de 350 mg/día para los hombres y 300 mg/día para las mujeres. Para los niños, varía entre 170 y 300 mg/día según la edad. Pues bien, la media de la ingesta observada de magnesio oscila entre 300 y 400 mg/día, siendo algo menor en mujeres. Toda la población española está por encima del nuevo límite inferior establecido por la EFSA. Además, según la Enide, el porcentaje de población con una ingesta inadecuada de este nutriente ronda el 30 %.

—¿Estás segura de que necesito magnesio? —la interrumpí—. Tras leer lo que dice la Encuesta Nacional de Ingesta Dietética Española (Enide) realizada por la Agencia Española de Seguridad Alimentaria y Nutrición (Aesan), no lo tengo tan claro. Por tanto, a mí no me hace falta esa maldita taza de café «especial» por dos cosas. La primera es que el grupo de población que más magnesio consume son los hombres y mujeres... ¡que ya han cumplido los cuarenta! La segunda es que, en mi casa, consumimos varios alimentos que superan los 56,3 mg de magnesio que lleva el café para cuarentones fatigados que me has recomendado. Yo me decanto por los frutos secos como las almendras, las avellanas y, sobre todo, las nueces, que tienen un perfil nutricional espectacular. Además, aportan una gran cantidad de ácidos grasos poliinsaturados, sobre todo omega-3, y tienen una elevada proporción entre omega-3 y omega-6. O sea, que un puñado de nueces tiene más magnesio que este carísimo café. De hecho, ¿te has dado cuenta de que todos los suplementos ricos en colágeno y ácido hialurónico que tanto te gustan van siempre acompañados de magnesio? Pues puedes tirarlos. Con un puñado de las mismas nueces que yo tomo para reducir mi fatiga, tú puedes cuidar tus huesos y el tejido conectivo, porque el colágeno y el ácido hialurónico presentes en los complementos alimenticios no sirven para nada y su único efecto lo produce el magnesio.

—Vale, pero al menos tómate un vaso de leche enriquecida que te aportará, según su publicidad, «todo lo que necesitas para cuidarte a partir de los cincuenta».

—¿Me has llamado «cincuentón»? —rugí—. ¿Y de qué va esa leche que, según tú, tanto necesito?

—Proporciona un aporte nutricional extra de proteínas para ayudar a mantener tu masa ósea y muscular. Concretamente, 5 g de proteína por 100 ml frente a los 3,2 g de las normales. Esta gran cantidad de proteínas se obtiene por un proceso de ultrafiltración que consiste en hacer pasar la leche por una membrana con un tamaño de poro que permite el paso del agua, los minerales y la lactosa, pero retiene las proteínas (que son más grandes).

—Eso es cierto..., pero en España no tenemos déficit de proteínas. De hecho, los españoles consumimos bastante más proteína de la que se establece en las recomendaciones, por lo que enriquecer proteicamente un alimento es absurdo. Las tenemos en los huevos, carnes, pescados naturales, legumbres... Tanto la OMS como la EFSA han establecido una IDR para adultos de 0,83 g de proteína por kilogramo de peso corporal y día, especificando que pueden proceder de proteínas de alta calidad (con la mayoría de aminoácidos esenciales y alta biodisponibilidad). Esto quiere decir que una persona que pese 70 kg debe consumir unos 58 g de proteína al día. Pues bien, en España los hombres consumen 109 g y las mujeres, 88 g.

—Vale, en España se superan las IDR de proteínas. Pero esta leche para cincuentones también lleva un aporte extra de calcio... y lo necesitas.

—Sí, contiene más calcio que la leche tradicional, pero ese aporte extra es innecesario. Además, puedes encontrar otras fuentes que son más ricas en calcio (y más baratas), como la col, la coliflor, el brócoli o incluso el repollo.

CALCIO POR UN TUBO

Las IDR de calcio son muy variables entre países con condiciones similares, pues pasan de los 900 mg al día para adultos en España a los 1.000 mg en Estados Unidos o los 700 mg en el Reino Unido para el mismo rango de edad. La EFSA, por su parte, indica una ingesta de referencia de 1.000 mg/día entre los 18 y los 24 años de edad, y de 950 mg/día para mayores de 25 años. Pero da igual, porque la ingesta diaria de calcio siempre es mayor que la recomendada.

—Pero, cuando se tienen problemas de osteoporosis, todos dicen que hay que consumir más calcio —comentó la estrella hollywoodense.

—No. Cada vez es más evidente que es absurdo aumentar la ingesta de calcio para mejorar nuestra salud ósea y prevenir las osteoporosis. Hay otras opciones mejores, como aumentar la actividad física, no descuidar la ingesta de proteínas, moderar el consumo de sal, obtener suficiente magnesio y vitamina K consumiendo verduras, no beber, no fumar... e ingerir suficiente cantidad de vitamina D.

—La leche para cincuentones —apuntó la *celebrity*— tiene un aporte extra de vitamina D...

—Pues no vamos muy sobrados los españoles de vitamina D, y eso que vivimos en un país con muchas horas de sol, la principal fuente de síntesis de este nutriente. Una parte de la población española no alcanza las IDR establecidas. Además, a medida que nos hacemos mayores, la síntesis de vitamina D a partir de la exposición solar disminuye. Y no es fácil encontrarla en la alimentación tradicional, pues se encuentra fundamentalmente en el pescado azul (100 g de atún aportan 25 µg), los moluscos y crustáceos, los huevos, algunos alimentos de origen vegetal —como las setas— y pocos más. Pero, aun así, no recomiendo pagar el alto precio que tiene esa leche para cincuentones por ingerir un poco más de vitamina D.

—Hala, leche «especial» a la basura. Y ahora llega el momento más delicado. Si la cita va bien y ambos os ponéis cariñosos...

—¿Pero qué insinúas? ¡¡Esta noche no habrá sexo!! —exclamé con los ojos fuera de las órbitas.

—¿Tan seguro estás de que no la vas a seducir?

—Sí. La mujer se llama Rosario, tiene quince hijos y es... mi abuela.

6

EL SECRETO DE LA ABUELA

Lo Pagán, en Murcia, es un pequeño pueblo costero situado a orillas del Mar Menor, la albufera española de mayor extensión. Esta laguna litoral de agua salada del Mediterráneo tiene una gran riqueza medioambiental gracias, entre otras cosas, a su singular fauna y flora. Flamencos, caballitos de mar y espectaculares algas son algunas de las especies más características de esta joya situada a escasos kilómetros de la Dehesa de Campoamor.

En las últimas décadas, el Mar Menor ha sufrido muchísimo por culpa de la alta contaminación. Su principal causa es la eutrofización —la acumulación de residuos orgánicos— producida por factores como el vertido de aguas y residuos urbanos y agrícolas, la filtración procedente del subsuelo rica en nitratos, el aumento de la acuicultura, la acción de las líneas marítimas en el entorno y el cambio climático. Todo ello ha provocado una grave degeneración del Mar Menor, un ecosistema único incluido en la Convención Relativa a los Humedales de Importancia Internacional, especialmente como Hábitat de Aves Acuáticas —más conocida, para abreviar, como Convenio de Ramsar— y protegido como espacio natural y zona de especial interés. Hoy en día, el Mar Menor se está recuperando poco a poco de esta situación que ha provocado la destrucción de más del 80 % de sus praderas vegetales.

Siempre que puedo, vuelvo a este paradisiaco lugar para

ver a mi abuela. Cuando llegué a Lo Pagán, ella estaba sentada en la terraza tomando su bebida favorita, el vermú, la cual nos llevó a una conversación que me hizo recordar quién despertó mi amor por la ciencia.

—¡Hola, abuela! ¿Ya estás otra vez con el vermú? No te fíes, que esa bebida entra muy fácil, pero tiene un grado alcohólico no inferior al 14,5 %.

—A mis años, merezco tomarme el aperitivo que me apetezca. Esta bebida, que por cierto se ha vuelto a poner de moda entre la juventud, es un compendio de botánica y química. Todo lo que sé sobre él me lo enseñó tu abuelo Enrique, que lo elaboraba y se pasaba todo el día hablando del tema. Se trata de un simple vino aromatizado que ha sufrido adición de alcohol y cuyo sabor característico ha sido obtenido mediante la utilización de sustancias adecuadas derivadas de diversas especies de *Artemisia.* Este que estoy tomando procede concretamente del ajenjo o hierba santa (*Artemisia absinthium*), una planta herbácea medicinal que crece en las regiones templadas de Europa, Asia y el norte de África. El principio activo del ajenjo es la tujona, un compuesto que recibe ese nombre porque se encontró por primera vez en el aromático árbol tuya, un tipo de cedro también conocido como «el árbol de la vida». También se encuentra en la salvia y el enebro. Su estructura química es parecida al mentol. En cantidades elevadas la tujona puede ser peligrosa, ya que inhibe receptores que activan las neuronas, pero a las dosis en las que se encuentra en el vermú no hay ningún riesgo. La planta tiene otro compuesto químico, la absintina, una sustancia amorfa de color amarillo, poco soluble en alcohol pero sí en agua, que le proporciona también sabor amargo.

—Abuela, ¿qué tomas para acompañar el vermú?

—Una tapa de microorganismos. Formo parte de un proyecto de investigación que intenta demostrar que la ingesta de determinados suplementos probióticos ayuda a mi salud mental.

—¿Te ríes de mí, abuela?

—Pues vaya un divulgador científico que estás hecho. Veo que no estás al día en los últimos estudios acerca de la importancia de la microbiota en nuestra vida. Como sabes, el microbioma humano es el conjunto de genes de los microorganismos presentes en nuestro organismo. Este conjunto de microorganismos se denomina microbiota, y está integrada principalmente por bacterias, virus y hongos. Parece ser que el microbioma humano bacteriano es predominante y de mayor influencia. Más de cien mil billones de bacterias habitan en el organismo humano y muchas de ellas desempeñan un papel esencial en la regulación de procesos tan importantes como la actividad de las enzimas digestivas, la síntesis de vitaminas del complejo B, la interacción con el sistema inmunológico y la protección frente a organismos patógenos, entre otros. Ten en cuenta, querido nieto, que varios estudios apoyan que no cuidar la microbiota puede incrementar el riesgo de desarrollar determinadas patologías.

—¿Y qué tiene que ver la microbiota con tu salud mental?

—Aunque hasta ahora los estudios concluyentes se han realizado solo en ratones, cada vez parece más claro que los microbios que habitan en nuestro intestino no solo influyen sobre nuestra salud estomacal, sino también en la mental.

BACTERIAS PARA ALEGRARNOS LA VIDA

Cuando a ratones sanos se les introducen heces de humanos con depresión, desarrollan síntomas propios de esta enfermedad. Por el contrario, en humanos se ha visto que modificar el ecosistema intestinal puede reducir los estados de ansiedad, depresión y/o autismo.

Ya se han trasplantado experimentalmente en humanos bacterias para combatir infecciones intestinales y, en la actualidad, hay un proyecto en marcha que consiste en administrar bacterias *Coprococcus y Dialister* a los humanos a través de la dieta o de alimentos probióticos para tratar enfermedades psiquiátricas o neurológicas. Aunque aún es pronto para saber si este tratamiento es efectivo, y más aún para hacer recomendaciones generalizadas, porque la complejidad del ecosistema intestinal es muy alta.

Cada persona tiene en su estómago más de un kilo de microorganismos, la mayoría bacterias, de 1.200 especies distintas. Por ello es muy complicado influir en patologías graves con la administración de una sola bacteria. Es necesario modificar la microbiota con intervenciones más grandes, pero las pequeñas investigaciones arrojan resultados que luego se tendrán en cuenta en los grandes programas sanitarios.

—Así que suplementarte con bacterias es uno de tus secretos para estar sana mentalmente.

—Sí, y ser una alondra —apostilló ufana.

—¿...?

—¿Y tú dices que eres científico? Las alondras somos las personas a las que no nos cuesta levantarnos y alcanzamos nuestro mayor grado de productividad por las mañanas. En el lado opuesto se encuentran los búhos, que trabajan mejor de noche y se acuestan y levantan tarde. Tú eres un búho. Pues bien, un estudio muestra que las alondras tienen menos riesgo de sufrir enfermedades mentales como la depresión o la esquizofrenia. El trabajo, que ha analizado el genoma de 697.828 personas, concluye que existen al menos 351 genes que predisponen a una persona a ser búho o alondra, casi quince veces más de los 24 genes que se conocían. Al determinar qué variantes genéticas compartimos las alondras, los investigadores han podido establecer una relación causa-efecto entre ser tempranero y gozar de una mayor salud mental.[10] El estudio confirma que quienes estaban genéticamente predispuestos a ser alondras se dormían unos 25 minutos antes que los búhos. Por tanto, muchos de esos genes regulan los «relojes» circadianos del cuerpo, es decir, los procesos bioquímicos que gobiernan la periodicidad de las actividades celulares. Otros genes que han identificado se expresan en el hipotálamo, la región del cerebro que regula el sueño y la vigilia; algunos participan en el metabolismo de la insulina; y los hay que influyen en el procesado de sustancias estimulantes como la cafeína y la nicotina. Además, otras investigaciones han demostrado que los búhos, por su peor regulación metabólica, parecen tener un mayor riesgo de diabetes y obesidad. Así que lleva cuidado, querido búho, y conviértete en alondra. El ritmo circadiano se puede entrenar, pero hasta cierto punto. Si eres un búho, puedes lograr avanzar gran parte del camino para llegar a ser una alondra. Debes cambiar tus rutinas de acostarte y levantarte. Eso sí, los búhos tenéis un «reloj» interno que corre un poco más despacio, por lo que nunca llegaréis a ser alondras puras, pues eso es genético y no se puede cambiar.

—No tenía ni idea. ¿Sigues tejiendo?

—Por supuesto —respondió mi abuela—. Me relaja muchísimo, me ayuda a ser creativa y a mantener activa la mente y, sobre todo, me sirve para actualizarme en un campo que me encanta: la física de los materiales. Un tejido de punto es un buen ejemplo de cómo un material muy simple (una he-

[10] Samuel E. Jones, «Genome-wide association analyses of chronotype in 697,828 individuals provides insights into circadian rhythms», *Nature Communications*, 10(343), 2019; disponible en <nature.com/articles/s41467-018-08259-7>.

bra de lana unidimensional) puede estructurarse para convertirse en un objeto (una bufanda) con unas propiedades mecánicas radicalmente diferentes. En otros tipos de tela existen múltiples hebras que se cruzan entre sí. Sin embargo, en esta bufanda que estoy tejiendo solo hay una hebra que forma curvas y se entrelaza consigo misma formando una red muy flexible con gran capacidad para estirarse. Concretamente, esta bufanda puede estirarse hasta el doble de su longitud, aunque la hebra original que he empleado no sea en sí misma elástica. Eso ocurre porque las propiedades de la hebra original no tienen un papel significativo en la forma que adopta el tejido cuando se deforma, sino que es la estructura que se le da al tejerla lo que tiene más influencia.

—No hacía falta este despliegue científico. Lo que quiero es que me regales la bufanda cuando la acabes, porque me estoy resfriando.

—En serio, parece mentira que seas científico. El frío no es el motivo por el que te estás resfriando. En realidad, el culpable de tu resfriado es un virus, normalmente del género *Rhinovirus*, aunque hay otros. Estos virus se transmiten por el aire, por secreciones del cuerpo o por superficies contaminadas como los pomos de las puertas o la barra del autobús. De todas formas, el frío podría contribuir a transmitir los virus que producen los catarros, ya que existen evidencias que sugieren que un ambiente frío y seco favorece el contagio y la infección. No está demostrado que ponerte esta bufanda o secarte el pelo tras la ducha te vaya a proteger de la infección, pero tendrás menos posibilidades de constiparte si te lavas las manos frecuentemente o te tapas la boca con un pañuelo y no con la mano cuando estornudas.

—Ya sé a quién he salido. Cuando hablas de ciencia, te enrollas más que yo...

—Hoy no vas a conseguir cabrearme. Es un día grande para todos los que vivimos en el Mar Menor. Aunque sea poco a poco, la laguna se está regenerando y ha recuperado en un año un tercio de su vegetación submarina.

EL RENACER DEL MAR MENOR

Antes de la crisis de eutrofización de sus aguas, casi todo el fondo del Mar Menor se encontraba colonizado total o parcialmente por praderas de una hierba llamada seba (*Cymodocea nodosa*) y de un alga que aquí se llama orejilla de liebre (*Caulerpa prolifera*). Poco a poco, ambas especies vuelven a ocupar el fondo marino ¡e incluso hay más caballitos de mar! Según el último censo, la población de *Hippocampus guttulatus*, una especie característica del Mar Menor que puede alcanzar los 21 cm de longitud, ha pasado de 5.000 individuos en 2017 a casi 25.000 actualmente. De todas formas, aún estamos lejos de los 200.000 caballitos que había en 2012. Si se recupera la cubierta vegetal de esta laguna salada, perdida tras el desastre ecológico sufrido, lograremos que vuelva a bucear por sus aguas este elegante animal, que destaca por su largo hocico, su cola prensil —con la que puede fijarse sobre algas y plantas— y su color amarillo-verdoso, que le permite camuflarse para protegerse de sus depredadores.

—¿Y sigue habiendo tantas medusas como el año pasado?

—Tranquilo, este año no hay carabelas portuguesas (*Physalia physalis*) en el Mar Menor. Por cierto, no son medusas, sino una colonia de diferentes organismos que se dedican a distintas funciones. Su picadura no es mortal, ni siquiera es más peligrosa que otras, pero su veneno tiene propiedades neurotóxicas, citotóxicas y cardiotóxicas. En el verano de 2018 tuvimos un tiempo atípico en la zona y las intensas lluvias y fuertes vientos de poniente durante muchos días seguidos atrajeron a centenares de ellas.

—Espero que esta regeneración no sea flor de un día y que todos los agentes implicados en la recuperación del Mar Menor, políticos incluidos, se lo tomen en serio.

—Ya me encargaré yo de recordárselo. Y para celebrar que la salud del Mar Menor mejora, he reservado mesa en un restaurante y te invito a cenar. Eso sí, nos va a acompañar mi amiga Piedad, he quedado con ella mientras nos bañábamos después de comer.

—¿Os habéis bañado sin dejar pasar dos horas? ¡Os podía haber dado un corte de digestión!

—Hijo, tú de química sabrás mucho, pero de fisiología... Es cierto que hay personas que sufren un corte de digestión cuando se meten al agua justo después de una comida copiosa. Pero la verdadera razón de ese síncope (que nada tiene que ver con el aparato digestivo) es un cambio brusco en la temperatura corporal, que te puede llevar incluso a la muerte si pierdes el conocimiento en el mar. Esta diferencia de temperaturas también se puede producir, por ejemplo, si te expones prolongadamente al sol, te metes al agua tras sudar mucho, tomas alcohol antes de bañarte o estás ingiriendo determinados fármacos. Para evitar ese mal llamado corte de digestión, no hace falta dejar dos horas tras la comida, sino evitar el *shock* termodiferencial. Nosotras nos hemos mojado las muñecas, nuca y cabeza antes de meternos al agua y hemos estado un rato de pie en el agua antes de zambullirnos completamente. De esta forma hemos evitado el riesgo de hidrocución, que es un término más apropiado, y no hemos sufrido ningún tipo de inhibición de la función respiratoria y circulatoria por reflejo.

—¿Y por qué mi madre y tú me decíais de pequeño que tenían que pasar dos horas desde la comida?

—¡Ay, qué inocente eras! Porque necesitábamos ese tiempo para dormir la siesta...

Tras esta intensa e inesperada charla sobre ciencia con mi abuela Rosario, me llevó a cenar a un restaurante cercano. Nada más llegar me quedé estupefacto.

—¿Me has traído a un restaurante vegano? ¿En serio? Pero si yo juego mucho al tenis y los deportistas no podemos permitirnos ser veganos. Es peligroso.

—Déjate de prejuicios absurdos —protestó—. Hay muchos tenistas veganos. Aunque sí es cierto que su dieta tiene que ser controlada por un especialista en nutrición deportiva, ya que la eliminación de cualquier producto de origen animal (carne, pescado, leche, huevos, miel, queso o mantequilla) puede dar lugar a algún desequilibrio nutricional si no planifican bien su menú. Los deportistas veganos deben evitar las dietas hipocalóricas, las fuentes de hidratos de carbono nada recomendables o los alimentos vegetales poco proteicos. Tampoco es recomendable la ingesta excesiva de ácidos grasos omega-6 o los alimentos ultraprocesados, aunque lleven el sello «producto apto para veganos». La mayoría de estos alimentos contienen excesivas cantidades de sal, azúcares, grasas vegetales poco recomendables y otros ingredientes nada saludables. Pero, ojo, las personas no veganas también debéis hacer una correcta planificación nutricional.

—¿Y qué como yo en un restaurante vegano? —le pregunté desanimado.

—Puedes comer lo mismo que un deportista vegano. Estos tienen muchísimas fuentes de alimentos saludables y sabrosos. Prácticamente no tienen que suplementar su dieta con nada.

ALIMENTACIÓN SANA PARA DEPORTISTAS VEGANOS

Las proteínas vegetales de los frutos secos (cacahuetes, almendras, anacardos, etcétera) y de las legumbres (la soja texturizada posee un 50 % de proteína) son de gran calidad. La levadura de cerveza también es una buena fuente de proteínas vegetales, además de aportar vitaminas del grupo B y diversos minerales.

Respecto al consumo de hidratos de carbono, se recomienda la avena, el arroz, la fruta desecada y las legumbres (garbanzos, lentejas, guisantes y demás). Todos estos alimentos aportan, además de hidratos de carbono, otros macronutrientes y micronutrientes de gran calidad.

Eso sí, el deportista vegano debe ingerir alimentos poco habituales (como semillas de lino y pipas de girasol o calabaza) para suplir la carencia de ácidos grasos omega-3 provocada por la ausencia de pescado azul en su dieta. Por supuesto, el aceite de oliva virgen extra debe ser la principal fuente de grasa, seas vegano o no.

Es cierto que los deportistas veganos que no planifican su dieta pueden presentar déficits de micronutrientes como vitamina D, calcio, yodo, hierro, zinc, selenio y, sobre todo, vitamina B12. En cuanto a esta última, los veganos deben tomar alimentos enriquecidos con ella o bien suplementos de esta vitamina.

La llegada de Piedad, la amiga de mi abuela, interrumpió su arenga en favor del veganismo.

—Hola. Lamento el retraso, pero me han hecho un estudio neuronal para saber si tengo alzhéimer. Por suerte, los resultados han sido negativos.

—¿En qué consiste ese estudio? —pregunté tras saludarla.

—El cerebro humano produce nuevas neuronas hasta casi

los noventa años de edad. Este mecanismo, denominado neurogénesis hipocampal adulta, se encuentra dañado en los pacientes que padecen alzhéimer. Si tuviese esta enfermedad, en el estudio que me han hecho hoy hubiesen detectado que mi cerebro no produce neuronas nuevas. Pero estoy perfecta. Además, me han explicado que los humanos tenemos unos 86.000 millones de neuronas, que no es cierto que tengamos un hemisferio creativo y otro analítico que trabajan independientemente (ya que los dos lados del cerebro están interconectados y trabajan en equipo) y que, sin duda, utilizamos mucho más del 10 % de nuestro cerebro.

—Me alegro de que todo haya ido bien.

—Gracias. ¿Sabes que me encantan los restaurantes veganos? A diferencia de los tradicionales, suelen tener complementos alimenticios de origen vegetal.

—No le digas que recurres a la medicina natural —dijo mi abuela con tono alarmado, pues me conoce bien.

—Hay mucha gente que cree en la medicina natural como método para luchar contra sus enfermedades y rechaza la medicina «química». Es absurdo —afirmó Piedad—. Solo existe un tipo de medicina, la que funciona. Pero lo que no se puede obviar es que muchos principios activos que se emplean en la medicina «química» proceden de fuentes naturales. Lo que ocurre es que esos principios activos hay que aislarlos y purificarlos antes de su introducción en fármacos. Por eso, aunque la aspirina tenga su origen en la corteza del sauce o la morfina en la amapola del opio, no tiene ningún sentido comer corteza de sauce o pétalos de amapola. En resumen, tan absurda es la quimiofobia (el rechazo a los productos químicos) como la naturofobia (el rechazo a los productos naturales). Al final, lo único que cuenta es la efectividad del principio activo una vez sintetizado químicamente o aislado y purificado de fuentes vegetales. Yo, por ejemplo, suelo consumir unos comprimidos procedentes del cardo mariano (*Silybum marianum*).

> **UNA TERAPIA PROMETEDORA**
>
> Un compuesto extraído de las semillas de cardo mariano, la silbinina, ha demostrado frenar la metástasis cerebral en una terapia experimental realizada en dieciocho pacientes con cáncer de pulmón. Administrado en combinación con el tratamiento estándar de quimioterapia, sirvió para aumentar significativamente la supervivencia media de estos enfermos. En tres casos, las metástasis cerebrales desaparecieron hasta ser indetectables. Aunque sus resultados son muy relevantes, hay que dejar claro que solo es un tratamiento experimental y que no se administró cardo mariano tal cual, sino su principio activo una vez aislado y purificado.

—Camarero, por favor —dijo mi abuela para desviar la conversación—. Sírvanos lo que el chef crea oportuno. Eso sí, queremos el mejor vino sin alcohol que tenga en la carta.

—Si no os importa, tomaré una copa de vino con alcohol. Respecto a la bebida que has pedido, tengo que decir dos cosas. La primera es que no existe vino sin alcohol de calidad. Para elaborarlo se suele emplear la ósmosis inversa, un sistema mediante el cual el alcohol se extrae en una etapa posterior a la fermentación del vino, lo que reduce no solo su grado alcohólico, sino también los componentes volátiles que aportan complejidad al buqué y los aromas en la nariz. Además, puesto que los restaurantes veganos ofrecen numerosos complementos enriquecidos con vitamina B12 y este micronutriente combate la resaca, mañana me levantaré como nuevo por mucho vino con alcohol que beba.

—Voy a rectificar una vez más a tu nieto, Rosario. Es cierto que algunos vinos sin alcohol elaborados por ósmosis inversa presentan peores características sensoriales. Sin embargo, los enólogos han descubierto nuevos métodos de elaboración de vino sin alcohol que dan excelentes resultados. Uno de ellos consiste en emplear un tipo especial de levaduras en el proceso de fermentación. Estas levaduras se «comen» el azúcar del vino con el único objetivo de reproducirse, pero no producen alcohol. De esta forma se logra elaborar vino sin nada de alcohol. Si lo que se pretende es que tenga una baja graduación alcohólica, cuando queda poco azúcar se introducen levaduras tradicionales que lo fermenten. Esta técnica permite regular la cantidad de alcohol sin eliminar los compuestos volátiles responsables del aroma y del sabor. Y respecto a lo de tomar vitamina B12, ya sea en forma de suplemento o mediante fármacos, para combatir la resaca, siento decirte que es un mito. Es cierto que la vitamina B12 tiene un papel esencial en el sistema nervioso, pero eso no tiene nada que ver con que su administración ayude a superar el malestar causado por el alcohol. De hecho, como bioquímico que me ha dicho tu abuela que eres, deberías saber que el alcohol interfiere en la reabsorción de la B12, ya que el hígado está más preocupado por metabolizar el alcohol que en sintetizar glutatión, una molécula necesaria para la absorción de esa vitamina. Así que limita tu consumo de alcohol o no te librarás de la resaca.

—Me has convencido, Piedad, pero tengo un as en la manga. El uso del selenito sódico como suplemento alimenticio es capaz de reparar el daño en el ADN que provoca el consumo de alcohol agudo y que puede dar lugar a serios problemas cardiovasculares, relacionados con el sistema nervioso central o incluso cáncer. El selenito previene y repara el daño oxidativo en el ADN evitando la rotura de la doble hélice provocada por el consumo de alcohol. Además, el consumo de este complemento aumenta la actividad de una enzima antioxidante, la glutatión peroxidasa, que se ve afectada negativamente.[11]

—Por un lado, esos estudios se han hecho solo en ratones y habría que confirmarlo en humanos —repuso Piedad—. Además, ¿no has leído que el alcohol, incluso en pequeñas cantidades, aumenta el riesgo de desarrollar varios tipos de cáncer?

—Querido nieto, el alcohol siempre es dañino, da igual que lo ingieras a altas o bajas cantidades —añadió mi abuela.

¿ALCOHOL? NO, GRACIAS

Un estudio científico analizó el consumo de alcohol de los habitantes de 195 países entre 1990 y 2016. Los resultados son claros: consumir cada día 10 g de alcohol etílico puro (equivalente a un vasito de vino, una caña de cerveza o un chupito de whisky) es suficiente para causar cirrosis, trastornos cardiovasculares o varios tipos de cáncer. En un principio la probabilidad de contraer estas patologías es solo un 0,5 % mayor, pero este porcentaje aumenta drásticamente a medida que aumenta el número de bebidas ingeridas. De hecho, alcanza el 37 % si se alcanza una cantidad de alcohol equivalente a dos copas de licor destilado o algo menos de tres copas de vino. Incluso la OMS no establece un límite para beber con seguridad, ya que las evidencias demuestran que lo mejor para la salud es no consumir alcohol en absoluto.

[11] «Patentado un suplemento nutritivo para paliar los efectos del "botellón"», *Sevilla Buenas Noticias*, 31 de diciembre de 2018; disponible en <sevillabuenasnoticias.com/patentado-un-suplemento-nutritivo-para-paliar-los-efectos-del-botellon>.

—¡Nunca bebo, pero esta noche es especial! Y lo que quiero saber es cuál es vuestro gran secreto científico —dije para desviar su atención, lo que hizo que ambas se miraran con complicidad.

—Empieza tú, Rosario —sugirió Piedad.

—En 1915 ingresé en la Residencia de Señoritas, el primer centro oficial para fomentar la educación superior de la mujer en España —comenzó mi abuela—. Era la versión femenina de la Residencia de Estudiantes, un centro que surgió con el objetivo de que aquellos jóvenes varones que vivían en las provincias españolas pudieran ir a estudiar a la universidad en la capital y tuviesen un sitio digno para alojarse. La directora del centro era María de Maeztu, una pedagoga muy implicada en el mundo de la enseñanza que luchó duramente para poner en marcha la Residencia de Señoritas. Y te puedo asegurar que lo consiguió. Cuando se inauguró la Residencia éramos treinta mujeres. Pocos años más tarde ese número ascendía a doscientas noventa y siete.

—Nunca me lo habías contado. Pero ¿por qué el centro donde se alojaba el grupo femenino se llamaba Residencia de Señoritas? ¿Acaso no erais vosotras también estudiantes?

—La razón oficial era que la inmensa mayoría de las estudiantes, al principio sobre todo, no eran universitarias. En aquella época no había muchas mujeres que fuesen a la universidad. La mayoría de las que vivían en la Residencia de Señoritas se preparaban para ser maestras, entrar en el conservatorio o ingresar en otros centros. Afortunadamente, el número de universitarias en la Residencia aumentó con el tiempo. Ese fue el gran logro de María de Maeztu: normalizar el hecho de que las mujeres tuvieran una educación superior y que fueran a la universidad.

CUNA DEL FEMINISMO ESPAÑOL

La Residencia de Señoritas no solo era un lugar de alojamiento de las estudiantes que llegaban de fuera de Madrid. Repartidos por los doce edificios que la componían había un salón de té, una biblioteca, salas de estudio donde tenían lugar conferencias y clases particulares impartidas por ilustres profesoras de aquella época, salones donde se realizaban recitales musicales y otras actividades culturales en las que intervinieron personas como, por ejemplo, José Ortega y Gasset, Rafael Alberti, Concha Méndez, Miguel de Unamuno, Clara Campoamor y Victoria Kent.

Pero en la Residencia de Señoritas no solo se pretendía que las mujeres crecieran en el ámbito cultural, también se buscaba que las residentes crecieran moralmente y, para ello, la directora empleaba una estrategia basada en la convivencia y la tolerancia. Además, muchas de las actividades tenían como objetivo impulsar el papel de la mujer en la sociedad de aquellos tiempos e, incluso, reivindicar la igualdad en el matrimonio y en el acceso a los cargos públicos y que se dictasen leyes protectoras del trabajo femenino.

La Residencia de Señoritas fue una de las cunas del actual feminismo, y de ella salió un grupo excepcional de mujeres altamente cualificadas, gracias a las cuales el modelo social tradicionalmente asociado a la condición femenina empezó a experimentar una auténtica transformación en España.

—¿Qué ideología reinaba en la Residencia de Señoritas?

—Había de todo. Chicas católicas, protestantes, agnósticas..., pero a todas nos unía nuestro amor por la cultura y por la igualdad de derechos entre hombres y mujeres, cosa que no era muy fácil de defender en los albores del siglo XX. Fue un modelo tan exitoso que en 1931 se fundó la Residencia Internacional de Señoritas Estudiantes de Barcelona, situada en el Palau de Pedralbes, y que funcionó hasta el inicio de la Guerra Civil.

—Voy a hacerte la gran pregunta, abuela: ¿tú qué hacías allí?

—Yo estudiaba... química farmacéutica en el Laboratorio Foster.

—¡¡¡¿...?!!!

—Cierra la boca, nieto. Se lo bautizó como Laboratorio Foster en honor a su fundadora, la bioquímica estadounidense Marie-Louise Foster, y era el resultado de la colaboración de la Junta para Ampliación de Estudios con el International Institute for Girls in Spain, institución cuyo punto de referencia eran los *colleges* femeninos del nordeste de los Estados Unidos. Pues bien, el Laboratorio Foster fue el primer centro de química en nuestro país que se dedicó en exclusiva a la formación de mujeres y en él se educaron las primeras generaciones de científicas españolas en este campo. Su creación fue algo revolucionario, ya que hasta 1920 las mujeres se habían mantenido prácticamente al margen de la formación práctica en ámbitos científicos, debido a que en los laboratorios siempre ha existido la escasez de recursos y estos se priorizaban para los varones. El Laboratorio Foster tenía como finalidad la de completar, con los estudios prácticos, la formación teórica adquirida por las alumnas de la Facultad de Farmacia. Venía a ser un laboratorio que sustituía la ausencia de dependencias similares en la universidad, y muy especialmente en la Facultad de Farmacia, de donde procedía la mayor parte de las alumnas. Las prácticas que allí se impartían eran de tanta calidad que muchas de ellas llegaron a convalidarse en la universidad. Muchas mujeres que se formaron en el Laboratorio llegaron a trabajar en el Instituto Nacional de Física y Química y algunas de ellas se convirtieron, posteriormente, en personas muy importantes en el panorama científico nacional e internacional. El éxito de este laboratorio de química fue tal que se decidió crear otro semejante en el ámbito de la biología. Sin embargo, las subvenciones estadounidenses se dirigieron a la mejora del centro químico antes que a la creación de otro lugar de investigación.

—¿Esos centros siguen en pie? —pregunté mientras intentaba asimilar todo lo que me contaba mi intrépida abuela.

—Por desgracia, no. Dejaron de funcionar en 1939 tras el fin de la Guerra Civil. Debido al parón vacacional, la Residencia de Señoritas se encontraba prácticamente vacía cuando estalló la contienda en 1936. Sus instalaciones se emplearon entonces como hospital, enfermería y orfanato. A comienzos del año siguiente, una delegación se instaló en Valencia. Finalmente, María de Maeztu dimitió y partió hacia el exilio. Ese fue el principio del fin de la Residencia de Señoritas y del Laboratorio Foster.

—Abuela, gracias por contármelo. Tuviste que conocer a muchas científicas en esos años...

—La que más me impactó no vivía en la Residencia de Señoritas, sino en otra, pero nos veíamos mucho. La tienes sentada a tu derecha. Piedad de la Cierva no solo es mi gran amiga, sino también una de las mejores investigadoras que ha habido en España. Incluso trabajó mano a mano con una de las mujeres científicas más relevantes de la historia.

—¡¡¡¿...?!!! —Aunque es difícil en mí, volvía a quedarme sin palabras.

—Yo procedo de una familia murciana muy conservadora, pero mi padre quiso que mi educación fuera adecuada a los nuevos tiempos que corrían para las mujeres —comenzó a explicar Piedad, divertida con mi estupefacción—. Estudié

Ciencias en Murcia y posteriormente en Valencia, donde me alojé en la residencia de las Escolapias hasta que la proclamación de la Segunda República cerró el centro. Entonces fui acogida por la familia de uno de sus profesores, que había sido maestro mío en Murcia. Más tarde me trasladé a Madrid para hacer el doctorado, y allí residía en la Institución Teresiana. Hice mi tesis en el Instituto Rockefeller, donde se encontraba el Instituto Nacional de Física y Química. Se tituló *Factores químicos del azufre y del plomo.* También estudié la división atómica de los elementos químicos fundamentales y logré publicar siete artículos al respecto en la revista de la Sociedad Española de Física y Química. En 1935, justo antes del estallido de la Guerra Civil, que dio al traste con la carrera científica de tu abuela, tuve la suerte de viajar a Dinamarca para especializarme en radiación artificial. Gracias a una beca de ampliación de estudios, pude hacer una estancia en el Instituto Niels Bohr, un centro de referencia mundial en energía nuclear donde en aquellos tiempos trabajaban muchos de los nobeles con los que me codeé. Uno de ellos fue el famoso científico George von Hevesy, quien había descubierto el hafnio. Imagínate..., ¡una mujer nacida en Murcia rodeada de premiados con el Nobel en Copenhague! También conocí en París a Irène Joliot-Curie, hija de Marie y Pierre Curie. Ella investigaba allí junto a su marido, Frédéric Joliot, la estructura del átomo y la física nuclear. Me fascinó tanto como su madre, a la que tuve ocasión de ver en España en tiempos de la Segunda República. La otra gran científica que marcó mi carrera fue mi querida Lise Meitner, la «madre» de la fisión nuclear.

—¡¿Conociste a mi científica favorita, la física austriaca Lise Meitner?!

—Sí, la conocí en Berlín. Es la única mujer que tiene un elemento en la tabla periódica en su honor: el meitnerio. Este alto reconocimiento solo lo han alcanzado unos pocos científicos como Nicolás Copérnico (copernicio), Alfred Nobel (nobelio) y Albert Einstein (einstenio), entre otros pocos. El 29 de agosto de 1982, los investigadores alemanes Peter Armbruster y Gottfried Münzenberg lograron sintetizar por primera vez ese elemento radiactivo que, aunque inicialmente fue llamado unnilenio, luego sería bautizado en honor de Lise, para hacerle justicia como víctima del racismo alemán y dar el justo crédito a su trabajo científico.

UNA INJUSTICIA CIENTÍFICA

Por ser mujer, Lise Meitner lo tuvo muy difícil para acceder a la universidad, pero, gracias a su familia y a su propio empeño, consiguió que el físico y matemático alemán Max Planck, considerado el fundador de la teoría cuántica, hiciera una excepción y le permitiera asistir a sus clases en la Universidad de Berlín en 1907. Allí conoció a Otto Hahn, su «pareja» científica. Durante casi treinta años, formaron un tándem perfecto. Él era químico experimental y ella, física teórica. Pero el comienzo de la Segunda Guerra Mundial rompió la pareja. Con la llegada de Adolf Hitler al poder en 1933, Lise tuvo cada vez más trabas para poder trabajar. Finalmente, en 1938, tuvo que escapar a Holanda y luego a Suecia con documentos falsos.

En el campo científico, Lise Meitner fue la segunda mujer en conseguir un doctorado en Física en la Universidad de Viena, la primera de toda Alemania en lograr el puesto de profesora titular de Física en la de Berlín y la primera investigadora en ingresar en la Academia Austríaca de Ciencias. Codescubrió el efecto Auger y varios nuevos isótopos, uno de los cuales condujo a su hallazgo del elemento químico protactinio.

Sin embargo, su mayor logro científico fue la explicación teórica de la fisión nuclear, nombre que acuñó junto con su sobrino, Otto Frisch. Sus experimentos mostraron un sorprendente descubrimiento: al bombardear el uranio con neutrones, se dividía en elementos más ligeros. Hasta entonces, la comunidad científica creía que el uranio se dividía en elementos más pesados. Este resultado fue clave en el desarrollo de la bomba atómica, aunque ella siempre se negó a participar en su diseño y a formar parte del Proyecto Manhattan.

A pesar de todo, la carrera científica de Lise Meitner estuvo marcada por una de las injusticias más grandes de la historia. Su compañero Otto Hahn, con el que seguía colaborando en la clandestinidad, publicó los resultados que dieron lugar al descubrimiento de la fisión nuclear sin incluir a Lise como coautora del artículo. En 1944, Hahn recibió en solitario el Premio Nobel de Química por «su» descubrimiento de la fisión de núcleos pesados. Lamentable. De todas formas, lo que más cabreaba a Lise Meitner era la obsesión de mucha gente por relacionarla con la Segunda Guerra Mundial.

—Tremenda historia —coincidí—. ¿Y tú a qué te dedicaste?

—Tras mucho tiempo trabajando en el campo de la radiación artificial atómica, mi idea era regresar a España y fundar un centro de física atómica en el Instituto Rockefeller. Sin embargo, el estallido de la Guerra Civil lo cambió todo. A mi familia y a mí nos pilló en Madrid. Nos tuvimos que refugiar en la embajada de Noruega. Allí conocí al militar y científico José María Otero de Navascués, que tendría mucha transcendencia en mi carrera investigadora. De ahí pasé con un salvoconducto a la zona franquista, donde trabajé como profesora de Física y Química en el instituto de la localidad sevillana de Osuna y como enfermera en el frente. Cuando acabó la contienda, ocupé una plaza de interventora en el instituto de Osuna. Fui la única mujer en la lista de personal de los treinta y cuatro institutos de enseñanza secundaria que entonces había en España. Y pude retomar la investigación, aunque en otro campo. Tras el final de la guerra, Otero de Navascués creó el Instituto de Óptica y me fichó para su equipo. En aquellos tiempos, la industria y la investigación científica estaban muy orientadas hacia la guerra y el armamento, por lo que investigué en mejorar sistemas de visión nocturna y también en el desarrollo de nuevos prismáticos. El Ejército así me lo pidió. En 1945, Otero de Navascués abandonó el centro y creó el Laboratorio y Taller de Investigación del Estado Mayor de la Armada, donde me contrató como científica. Cuando acabó la Segunda Guerra Mundial, me envió a Estados Unidos para que aprendiese a elaborar vidrio óptico, ya que en España no existía. Allí visité el National Bureau of Standards (Washington), la Facultad de Ingeniería de Vidrio de la Universidad de Toledo (Ohio) y también diversas instituciones, donde recabé datos y experiencia para la elección de materiales, la construcción del horno y todo lo relacionado con aquel vidrio. A mi vuelta apliqué la tecnología aprendida y por aquel logro gané, en 1955, el Premio de Investigación Técnica Juan de la Cierva.

—Querido nieto —apostilló mi abuela—, la señora que tienes a tu lado no lo ganó una sola vez, sino dos.

—Es cierto. Cuando la industrialización del vidrio óptico dejó de tener interés, busqué una nueva área de investigación que fuese atractiva y, a la vez, rentable. Leí mucho hasta que encontré algo que me llamó poderosamente la atención. La cascarilla del arroz tenía un gran poder aislante y nadie conocía las razones. Incluso los estadounidenses querían saber la causa para poder diversificar sus aplicaciones. Tras muchos experimentos encontré que se debía a su elevado porcentaje de sílice. Para purificar este material, debía quemar la cascarilla en hornos muy potentes, así que utilicé los que había empleado para elaborar vidrio óptico. Al quemarla, aparecía un polvo blanco con el que se pueden construir ladrillos refractarios, es decir, que no se alteran con las altas temperaturas del fuego, y que se aplica también en la construcción de calderas. Fruto de estas investigaciones, en 1966 gané mi segundo Premio Juan de la Cierva.

—Una científica como tú no tendría muchas dificultades para salir adelante...

—Te equivocas totalmente. En aquellos tiempos a las mujeres no se nos reconocía nuestro trabajo... ni siquiera en la universidad. Por otro lado, también teníamos dificultades para viajar solas, y me costó lo mío visitar Dinamarca, Estados Unidos, Liechtenstein y todos los lugares a los que fui. Además, sufrí el machismo propio de aquella época. En 1941, por ejemplo, me presenté a unas oposiciones a cátedra de universidad. Éramos cinco candidatos —tres varones y dos mujeres— para tres plazas. Los miembros del tribunal concedieron sendas plazas a dos varones... y de forma incomprensible prefirieron dejar desierta la tercera antes que dársela a una de las dos mujeres que nos presentábamos. Aquello me afectó tanto, puesto que mi expediente era muy superior al de mis contrincantes, que abandoné mi puesto de auxiliar de cátedra universitaria y me centré en la investigación científica y en ayudar a otras mujeres a desarrollar su carrera académica.

Llegaba la hora de acabar aquella inolvidable velada. A la mañana siguiente, yo debía partir rumbo a Suecia para asistir al concierto de un famoso cantante mexicano, gran amigo de mi infancia, y aún no tenía ni siquiera el billete de avión. Se lo expliqué a mi abuela y a su amiga, parte de la historia de esta España que cuida poco a sus científicos y peor aún a sus científicas. Ambas aún me reservaban una última sorpresa.

—Déjame que llame al aeropuerto y lo solucione —dijo Piedad mientras se levantaba de la mesa.

—Ella no ha querido contártelo —me explicó mi abuela cuando nos quedamos a solas—, pero su padre era primo de Juan de la Cierva y Codorníu, el científico aeronáutico español que inventó el autogiro, precursor del helicóptero. Y puesto que la Asamblea Regional decidió que el nuevo aeropuerto internacional de Murcia se llamara Juan de la Cierva, seguro que Piedad encuentra la solución a tu problema.

RECONOCIMIENTOS AL TRABAJO CIENTÍFICO

En homenaje al inventor del autogiro, el Gobierno español creó los Premios Nacionales de Investigación Juan de la Cierva dedicados a la transferencia de tecnología. El objetivo de estos galardones es el reconocimiento de los méritos de los científicos o investigadores españoles que realizan «una gran labor destacada en campos científicos de relevancia internacional, y que contribuyan al avance de la ciencia, al mejor conocimiento del hombre y su convivencia, a la transferencia de tecnología y al progreso de la humanidad». Pero no solo eso, sino que en 2004 el Ministerio de Educación y Ciencia español inició el Programa Juan de la Cierva para la contratación de doctores, gracias al cual centenares de investigadores españoles y extranjeros desarrollan su actividad.

—Brindemos con el mejor whisky de la casa por vuestra increíble historia, abuela.

—De acuerdo, no te lo impediré..., pero le echaremos un poco de agua.

—Claro, no quiero que os emborrachéis...

—No te confundas, pequeño. Tenemos mucho más

aguante que tú. Lo que ocurre es que el sabor del whisky se relaciona con ciertas moléculas anfipáticas, es decir, que poseen un extremo hidrofílico y otro hidrófobo, como el guaiacol. Pues bien, cuando la concentración de alcohol es muy alta, el sabor del guaiacol disminuye al interaccionar fuertemente con el etanol. Sin embargo, si diluyes con agua el whisky, el guaiacol «sube» a la superficie del líquido y su sabor y aroma son más intensos. Eso sí, ten claro que ese brindis estropea la dendrita, la parte de las neuronas que se encarga de recibir los estímulos, y esto hace que estas se comuniquen mucho peor. Además, el alcohol «hackea» el cerebro de muchas formas, aunque quizá la peor sea que hace que cuanto más bebes, más quieres. Así que, si quieres estar bien despierto mañana en Suecia, mejor no bebamos más.

—¡Solucionado! —exclamó Piedad al regresar—. Dentro de ocho horas sale tu vuelo a Suecia.

7

O TÚ O NINGUNA

Uno de los grandes amigos que conservo de la infancia es un famoso cantante mexicano, aunque nacido en Puerto Rico, al que conocí hace casi cuatro décadas. Para asistir a su último concierto en Europa, aquel 4 de enero viajé a Suecia. Tras acceder a su camerino y después de ponernos al día, le expliqué la razón que me había impulsado a viajar desde Murcia hasta el Parque Nacional de Fulufjället para encontrarme de nuevo con él.

—Estoy aquí porque estaba leyendo la biografía de un escultor-científico mientras escuchaba una de tus canciones en la que sonaba un violín y sentí la obligación de venir a verte.

—¿Quién es ese escultor-científico al que le debo este reencuentro?

—Como tú y yo, nació en 1970. Se trata del alemán Julian Voss-Andreae. Es natural de Hamburgo, aunque ha viajado por medio mundo. Al cumplir la mayoría de edad, comenzó sus estudios universitarios de Ciencias Físicas en las universidades de Berlín y Edimburgo. Más tarde, realizó un máster en la Universidad de Viena para especializarse en física cuántica. A pesar de su amor por la física, nunca renunció a su gran pasión: la escultura. Acabado el máster, se trasladó a Estados Unidos y se matriculó en la Escuela de Arte del Pacífico Noroeste (PNCA, por sus siglas en inglés). Desde que se graduó,

Voss-Andreae combina sus dos grandes aficiones, la ciencia y el arte, para crear espectaculares esculturas científicas.

—¿Qué tipo de esculturas hace? —preguntó mientras se oía el clamor del público que iba llenando el recinto.

—Podría estar horas hablando de ellas...

*

Casi todas las obras de Julian Voss-Andreae están relacionadas con la física cuántica y la bioquímica. Una de las más conocidas, *Quantum Man*, mide 2,5 m de alto y está formada por 115 láminas de acero. Instalada en la ciudad de Moses Lake, en el estado de Washington, este «hombre cuántico» representa a un caminante. Al contemplarla de frente, de espaldas o en diagonal, la obra parece sólida, pero, al mirarla de lado, casi se desvanece. *Quantum Man* refleja la dualidad onda-partícula de la mecánica cuántica, de ahí que según la posición del observador y el ángulo con el que observe la escultura, esta «aparezca» o «desaparezca».

Voss-Andreae ha dedicado varias piezas a la bioquímica. Al principio de su carrera, este artista buscaba estructuras de proteínas que lo atrajeran estéticamente. Más tarde, se centró en aquellas que desempeñaban un papel fundamental en la vida humana, así que ha dedicado obras al ADN, al colágeno, a las hélices alfa, a los anticuerpos y a las enzimas. Un ejemplo es la escultura *Collagen unravelling*, que mide 3,40 m. Basada en la estructura molecular real del colágeno, alude a su papel como componente estructural en el cuerpo humano. En su parte superior, las hélices entrelazadas del colágeno se abren y quedan desenredadas. La intención de Voss-Andreae es representar así el envejecimiento, una época de la vida en la que la estructura del colágeno humano se degrada.

Pero una de las esculturas más sorprendentes de Voss-Andreae es *Heart of Steel*, una representación de la hemoglobina, la proteína que transporta el oxígeno, que mide 1,6 m de altura. Esta proteína posee un grupo hemo, cuyo átomo de hierro se une de forma reversible a una molécula de oxígeno. Con el paso del tiempo, el oxígeno oxida la hemoglobina (color rojo fresco) y la transforma en oxihemoglobina (color rojo oscuro). Pues bien, en *Heart of Steel* este científico-escultor emplea cristal y una aleación de acero autopatinable (*weathering steel*). La escultura, colocada al aire libre en Oregón, tiene un globo de cristal en su interior que simula el átomo de hierro del grupo hemo. En unos meses, la superficie brillante del acero autopatinable se oxidó y pasó a ser de color rojo oscuro, reproduciendo la misma reacción química que se produce cuando respiramos: el hierro se une al oxígeno.

Y su obra más impresionante es *Angel of the West*, inspirada en la estructura de las moléculas fundamentales del sistema inmunológico humano, los anticuerpos, esas glicoproteínas empleadas por el sistema inmunitario para identificar y neutralizar elementos extraños como bacterias, virus o parásitos. En *Angel of the West* se aprecia una molécula de inmunoglobulina con su típica forma de Y rodeada por un anillo, evocador del icónico *El hombre de Vitruvio* dibujado por Leonardo da Vinci. La escultura, realizada en 2008 para presidir el campus del Instituto de Investigación Scripps de Florida, simboliza la aplicación de la ciencia occidental al arte de curar. Usando en su escultura proporciones similares para el anticuerpo y para el cuerpo humano, el artista resalta la importancia de los anticuerpos en la salud.

EL RIGOR CIENTÍFICO HECHO CULTURA

Además de los materiales típicos que cualquier artista contemporáneo puede emplear (acero, cristal, cobre...), Voss-Andreae emplea un arma de altísima precisión que los bioquímicos usamos a diario en nuestros laboratorios. Se trata del Protein Data Bank, una base de datos bioinformática en la que se puede ver la estructura tridimensional de proteínas y ácidos nucleicos. A partir de los datos registrados en esta biblioteca virtual, obtenidos mediante cristalografía de rayos X o resonancia magnética nuclear, los científicos reconstruimos digitalmente las estructuras de muchas moléculas. Gracias a esta herramienta, Voss-Andreae reproduce fielmente en sus esculturas la estructura de muchas proteínas.

Julian Voss-Andreae ha proclamado que uno de sus objetivos es llevar la ciencia a lugares donde el ciudadano no la espera. En lugar de exhibirlas en museos, galerías o instituciones, coloca sus esculturas científicas en calles, parques, jardines, paseos y otros espacios públicos. Así consigue que los ciudadanos vean la ciencia como algo cercano

*

—Lo creo, pero háblame de la que más te haya llamado la atención.

—Esa es, sin duda, *Kalata* —repuse entusiasmado—. Esta obra, creada en 2002, mide 60 x 90 x 90 cm y forma parte de una colección privada de Portland (Oregón). Es una representación de una proteína, la kalata, que no presenta una estructura lineal como la mayoría de las proteínas, sino cíclica.

En los ciclótidos —el conjunto de las proteínas con esa característica—, los extremos N-terminal y C-terminal de la secuencia de aminoácidos que los forman se unen para formar una estructura cerrada muy estable. A nivel científico está establecido que la mayoría de los ciclótidos en las plantas funcionan como moléculas de defensa contra los depredadores. Además, también presentan propiedades uterotónica —inducen la contracción del útero—, anti-VIH, antitumoral y antimicrobiana. El descubrimiento de estas propiedades de los ciclótidos ha generado nuevas posibilidades para la ingeniería de péptidos bioactivos y la síntesis de productos químicos destinados a la obtención de fármacos. Por otra parte, su actividad insecticida los convierte en componentes esenciales en la lucha contra las plagas. Gracias a la biotecnología, se puede transferir esa actividad a cultivos comerciales específicos y así protegerlos. Las plantas modificadas genéticamente que presenten estos ciclótidos en su estructura podrán defenderse mucho mejor de la agresión patógena que las plantas tradicionales. Esto aumentará la productividad y mejorará el medio ambiente al no tener que abusar de los tradicionales plaguicidas.

KALATA B1

La kalata fue el primer ciclótido descubierto. En la década de 1960, el médico noruego Lorents Gran se unió a la Cruz Roja Internacional para ayudar en la crisis del entonces denominado Congo Belga. Parte de su trabajo consistía en ayudar a mujeres a dar a luz en paritorios. Tras meses realizando su labor, algo despertó su curiosidad. Las mujeres del Congo utilizaban infusiones de la planta *Oldenlandia affinis* (*Rubiaceae*) para acelerar el parto. Tras años estudiando cuál era el principio activo existente en dicha planta, se llegó a la conclusión de que ese compuesto incrementaba la intensidad y duración de los espasmos uterinos. En honor al término con el que se conoce la planta en la región, Lorents Gran decidió que esta proteína se llamase kalata B1. Estudios posteriores en el campo de la estructura de proteínas determinaron no solo que estaba formada por 29 aminoácidos, sino también que su estructura era cíclica.

—¿Y tiene algo más de especial la kalata? —Estaba tan absorto en la historia que no oía los gritos del público que reclamaba su presencia en el escenario.

—Sí, este ciclótido tiene mucho que ver con las matemáticas y la música. La kalata B1 no es una proteína cíclica tradicional. En su esqueleto se observan una serie de *loops* (vueltas) constituidas por una diversidad de aminoácidos que podrían ser intercambiados por otros y, así, constituir nuevas estructuras con actividades biológicas mejoradas o desconocidas. La presencia de una torsión de 180° en el *loop* 5 de la kalata B1 da lugar a que la cadena aminoacídica no solo sea cíclica, sino que además esté «girada» sobre sí misma. Esta torsión recuerda a la famosa banda o cinta de Moebius, una forma geométrica sin principio ni final descubierta de forma independiente por los matemáticos alemanes August Ferdinand Moebius y Johann Benedict Listing.

UNA PROTEÍNA MATEMÁTICA

Tanto la cinta de Moebius como la proteína kalata B1 están formadas por una superficie de una única cara. Puedes demostrarlo haciendo la «prueba del algodón». Si coloreas la superficie de una cinta de Moebius (o de la kalata B1) comenzando por un punto determinado, al final queda coloreada toda la cinta (o la proteína). Por otra parte, su superficie posee un único borde, ya que si lo sigues con un dedo alcanzarás finalmente el mismo punto de partida. Además, la superficie de la cinta de Moebius o de la proteína kalata B1 no son orientables. Si partes con una pareja de ejes perpendiculares orientados, al desplazarse paralelamente a lo largo de la cinta, se llegará al punto de partida con la orientación invertida.

—Pero... ¿y su relación con la música?

—La banda de Moebius más curiosa que conozco está relacionada con uno de los grandes genios de la música, Johann Sebastian Bach, cuya fecunda obra es considerada como la cumbre de la música barroca. Bach fue un matemático experimental del más alto rango, que exploró profundamente las posibilidades de la simetría.[12] Pero hoy nos interesa centrarnos en el *Canon del cangrejo*, el primero de la *Ofrenda musical* (BWV 1079) del músico alemán. El canon es una forma en la que las distintas partes se incorporan sucesivamente repitiendo la melodía de la voz principal. Lo más curioso del *Canon del cangrejo* es que el acompañamiento repite exactamente lo hecho por la voz principal..., aunque en sentido inverso. Si te fijas detenidamente en la partitura, el pentagrama de abajo repite lo escrito en el de arriba pero invertido en el tiempo, ya que el canon es una melodía interpretada marcha atrás que sirve de acompañamiento a sí misma.

—¿Me estás diciendo que la pieza es capicúa, que suena igual si se toca hacia delante que si se hace hacia atrás?

[12] Eli Maor, *La música y los números: De Pitágoras a Schoenberg*, Turner, Madrid, 2018.

—Sí, como un palíndromo musical. Por esta razón, por caminar adelante y atrás, se la conoce como *Canon del cangrejo.* Si prestas atención, podrás escuchar un bucle interminable en el que una pieza enlaza y se superpone consigo misma, exactamente igual que la estructura de la cinta de Moebius y de la kalata.

—¡Alucino! Gracias por tu relato, pero debo salir a cantar o me van a matar —dijo mientras se dirigía al escenario.

—¿Y no quieres que te cuente el final de la historia? Está relacionada con mi presencia hoy en Suecia y, sobre todo, con uno de tus músicos.

En ese momento se hizo el silencio. De pronto, mi colega subió al escenario y se dirigió a los miles de personas que allí se congregaban.

—Hoy pienso daros el mejor concierto de mi vida, pero vais a tener que esperar unos minutos. Un ser muy extraño, llegado de una lejana ciudad llamada Murcia, tiene la culpa.

Increíblemente el público sueco reaccionó bien y mi amigo pudo volver al camerino de una pieza.

—¿Has dicho que un escultor alemán, tu proteína favorita y mi ídolo Johann Sebastian Bach tienen que ver con tu estancia en Suecia y con un integrante de mi banda? ¡No me fastidies!

—Viendo por televisión un concierto de tu gira, observé con gran sorpresa que uno de tus músicos emplea un violín, uno de los instrumentos preferidos de Bach. Al fijarme en él, descubrí que no era uno de esos violines modernos que tanto se llevan ahora, sino un Stradivarius.

—Está obsesionado con él. Nos contó, hace tiempo, que los Stradivarius reciben su nombre de su fabricante, Antonio Stradivari (1644-1737), también conocido como el Golfo, el más famoso *luthier* italiano. No hace falta que te explique que un *luthier* es una persona que construye, ajusta o repara todo tipo de instrumentos de cuerda (violines, violas, violonchelos, contrabajos, guitarras, laúdes, archilaúdes, tiorbas, mandolinas, clavecines, timples, etcétera). Todos los instrumentos fabricados por Stradivari tienen unas características sonoras e individuales que son consideradas únicas por algunos especialistas en instrumentos de cuerda. Sin embargo, yo tengo dudas al respecto.

—¿Dudas? Siempre se ha dicho que son los mejores. Hay muchas teorías al respecto, la mayoría de ellas descartadas por diferentes razones, que atribuyen su calidad a diversos factores: la composición del barniz; el tiempo de secado de las maderas de arce y abeto con que están construidos; el período de frío extremo que sufrió Europa en los años en que Stradivari vivió y que pudo ocasionar que los árboles que crecieron durante esa época desarrollaran una fibra más compacta y con una mejor calidad mecánica sonora; la presencia de ciertos hongos en los árboles vivos empleados para su fabricación; que los Stradivarius antiguos tenían un 25 % menos de agua que los modelos recientes debido a la degradación de la hemicelulosa, lo que mejoraba significativamente su sonido; la existencia de un enorme árbol encontrado por Stradivari y que usó para elaborar sus más famosos instrumentos; el uso de disoluciones de sales metálicas para tratar las maderas; el empleo de bórax para proteger los instrumentos contra los insectos sin saber que ello tendría también efectos sobre la sonoridad...

—Ya, pero incluso si hubiese alguna diferencia por cualquiera de estos motivos, no hay pruebas de que sea perceptible.

—Es posible, pero lo que sí que es cierto es que, independientemente de los gustos de cada uno, nadie ha podido crear violines que suenen como los que se hacían en los siglos XVI a XVIII en la ciudad italiana de Cremona. Al parecer, el sonido inimitable de los Stradivarius podría deberse a la combinación del paso del tiempo, la transformaciones que la vibración de las cuerdas produce en la madera y el uso de baños químicos en las planchas de arce, sauce y pícea común.

—El arce y el sauce los conozco, pero no sé qué es la pícea.

—Se trata de una conífera, la *Picea abies*, de la familia de las pináceas. Es originaria de la parte central y este de Europa, desde los países nórdicos hasta los Balcanes, que suele formar bosques en altitudes superiores a los 800 m. Aunque por su aspecto mucha gente lo confunde con un abeto y en muchos países del norte de Europa se lo considera el árbol típico de Navidad, en realidad no lo es, ya que no pertenece al género *Abies*. De hecho se lo conoce en muchos lugares como «falso abeto». La característica más especial de las píceas, como la utilizada en el Stradivarius de tu músico, es su antigüedad. En abril de 2008 científicos de la Universidad de Umeå (Suecia) descubrieron un ejemplar de pícea, llamado Old Tjikko, con un sistema de raíces de 9.550 años de longevidad. Está a escasos metros de aquí, en el mismo Parque Nacional de Fulufjället...

Sin decir una sola palabra, el cantante salió del camerino y, durante dos horas, lo dio todo en el escenario. Al salir del recinto, su representante nos esperaba con un mapa en la mano, donde estaba señalada la ubicación exacta de Old Tjikko, la pícea más antigua del mundo.

—¡Ni loco, son las tres de la mañana! —protesté.

—Me da igual, es casi de día —replicó el artista—. Mi representante dice que es por un fenómeno llamado el «sol de medianoche».

—Se equivoca. Ese fenómeno natural, observable al norte del círculo polar ártico y al sur del círculo polar antártico, hace que, en las fechas próximas al solsticio de verano, el Sol sea visible durante las 24 horas del día. El día polar es el fenómeno contrario a la noche polar. La inclinación del eje de rotación de la Tierra respecto a la eclíptica, que roza los 23 grados y 27 minutos, provoca que, en latitudes altas, el Sol no se oculte durante el verano local. La duración del sol de medianoche varía desde unas 20 horas en los círculos polares hasta unos 186 días seguidos (es decir, unos seis meses) en los polos geográficos. Eso sí, puesto que el Parque Nacional de Fulufjället está al sur del círculo polar ártico, lo que estás viendo es luz nocturna. ¿Quieres que vayamos ahora al encuentro de Old Tjikko? Pues vayamos.

Comenzamos una larga caminata por los bosques de Suecia, en la que hicimos varias paradas. Tras una de ellas, el cielo comenzó a ponerse rojizo. Mi acompañante quiso saber a qué se debía.

—Las razones del color de este amanecer son varias. La principal es la presencia de dos fenómenos físicos: la refracción y la dispersión. La refracción ocurre cuando la luz del Sol se encuentra con un obstáculo, la Tierra, y sus rayos son desviados, así que solo algunos de ellos se cuelan en la atmósfera. Lo mismo que la luz se refracta (desviándose) al pasar del aire al agua por tener estos medios distintos índices de refracción, la luz que llega a la Tierra procedente del Sol se refracta al ir atravesando la atmósfera, desviándose los rayos tanto más cuanto más próxima esté la fuente de luz (el Sol en el caso que nos ocupa) al horizonte. Tras producirse la refracción entra en acción la dispersión, consistente en que la presencia en la atmósfera de diversas partículas divide la luz blanca del Sol en los colores del arcoíris. La atmósfera se comporta como si fuera un prisma dispersando la luz, tanto más cuanto mayor sea el recorrido que deba seguir el rayo de luz en la propia atmósfera. Esta dispersión afecta más a la parte azul del espectro de luz, de modo que, cuando la luz solar llega a nuestros ojos, generalmente quedan más partes rojas y amarillas del espectro.

—¿Y solo se pueden ver estos preciosos amaneceres en Suecia?

—He leído que en Darwin, la capital del Territorio del Norte australiano, estas preciosas puestas de sol de color rojo y naranja ocurren casi a diario. Durante la estación seca (el período comprendido entre mayo y septiembre), el cielo está lleno de partículas de polvo azotadas por los vientos secos del sudeste, así como por el humo de los frecuentes incendios forestales. Tanto las partículas como el humo aumentan los fenómenos de dispersión que te he comentado. Además, lo que a menudo hace que esos amaneceres y atardeceres con el cielo rojo sean aún más espectaculares es la posición del sol en el cielo, en relación con las nubes. Cuando el sol está bajo en el horizonte, los rayos de luz rebotan en la parte inferior de las nubes, que reflejan esos brillantes colores naranja y rojo que hacen que parezca que el cielo se ha encendido.

—Mi abuela materna —recordó el cantante— decía que esos amaneceres la ayudaban a predecir el tiempo que iba a hacer en las horas siguientes.

—No iba desencaminada. Aunque con muchas reservas, un amanecer de cielo rojo sugiere que un área de alta presión y buen tiempo, con su polvo atrapado y otras partículas, se ha movido hacia el este. Esto permite que un área de menor presión y tiempo alterado, quizás un frente frío y una banda de lluvia, se mueva hacia el oeste durante el día. Por otro lado, una puesta de sol en el cielo rojo nos dice que lo peor del tiempo ya se ha aliviado, con una mayor presión y un mejor tiempo que se aproxima desde el oeste para el día siguiente. Con una puesta de sol de cielo rojo, es más probable que el cielo del oeste esté despejado, con los rayos del sol brillando en la nube más al este.

Mi acompañante estaba tan contento que arrancó a cantar... con una voz parecida a la de un motor viejo.

—Qué mal tengo las cuerdas vocales esta mañana. Como siga cantando así, va a llover.

—Aquí es complicado. Aunque no se puede tomar como norma, las zonas más proclives a que se vean estos amaneceres rojos suelen presentar índices de lluvia muy bajos. La culpa es, entre otras cosas, del uso abusivo que los humanos hacemos de los aerosoles. Recuerda que el fenómeno de dispersión de la luz blanca es fundamental para ver el precioso color rojo del amanecer. Pues bien, esa dispersión es debida a la presencia en la atmósfera de diferentes sustancias... entre las que destacan los aerosoles. Un gran amigo, el meteorólogo y divulgador científico José Miguel Viñas, explica que, mientras que las moléculas de aire son las responsables del color azul del cielo —como consecuencia de la dispersión de Rayleigh—, la presencia de aerosoles provoca una dispersión de la luz algo distinta, conocida como la dispersión de Mie, responsable tanto del color rojizo de los atardeceres y amaneceres como del tono parduzco o amarillento de la calima y del resplandor blanquecino de la niebla. La dispersión de Mie se produce cuando la radiación electromagnética incide sobre partículas esféricas con diámetros comprendidos entre 0,1 y 50 veces la longitud de onda de dicha radiación incidente, y se llama así en honor al físico alemán Gustav Mie, que fue quien estableció la primera teoría completa sobre la dispersión esférica de la luz.

—Cuando hablas de aerosoles, ¿te refieres a los espráis que usamos habitualmente?

—No exactamente. En ingeniería ambiental, se denomina aerosol a un coloide de partículas sólidas o líquidas suspendidas en un gas...

—¡Para, para! ¿Un coloide?

—Sí, un sistema conformado por dos o más fases, normalmente una fluida (líquido) y otra dispersa en forma de partículas generalmente sólidas muy finas. El tamaño de los aerosoles oscila entre los 0,002 y más de 100 micrómetros y pueden ser de origen natural o generarse por la actividad humana.

—¿Y por qué son importantes los aerosoles?

—La composición química de los aerosoles afecta directamente a la forma en que interactúa la atmósfera con la radiación solar y el contenido de agua líquida. Los componentes químicos de los aerosoles alteran el índice de refracción global de la atmósfera, por lo que influyen clarísimamente en el color rojizo que nos acompaña toda la mañana. Las mayores fuentes naturales de aerosoles son la actividad volcánica, los suelos erosionados, las plantas y flores, los microorganismos, la superficie de los mares y océanos, las tormentas de polvo y los incendios forestales y de pastizales. La pulverización de agua marina también es una gran fuente de aerosoles, aunque la mayoría de estos caen al mar cerca de donde fueron emitidos. Por otra parte, la mayor fuente de aerosoles debida a la actividad humana es la quema de combustibles en motores térmicos para el transporte y en centrales termoeléctricas para la generación de energía eléctrica, la fundición de metales como cobre o zinc, el uso de espráis y la producción de cemento, cerámica y ladrillos, además del polvo generado en las obras de construcción y otras zonas de tierra donde el agua o la vegetación han sido removidas.

—¿Me estás diciendo que la laca, el desodorante y los demás espráis que uso en mi vida diaria contribuyen tanto al color rojo de este amanecer como a que no llueva?

—En efecto, así que córtate un poco. En un estudio que aborda las razones de las severas sequías que asolan Sudamérica y África desde la segunda mitad del siglo XX, se muestra cómo la concentración de aerosoles en la atmósfera reduce la probabilidad de lluvia. Estos estudios concluyen que en un escenario no contaminado se generan gotas grandes que favorecen la lluvia, mientras que cuando existen altas concentraciones de aerosoles en la atmósfera, se inhibe el desarrollo de las gotitas que forman nubes, no llueve... y llega la sequía.[13] Eres mexicano —proseguí— y conoces perfectamente que la sequía es uno de los mayores factores limitantes para la producción agrícola, ya que las plantas necesitan agua para su supervivencia. Actualmente la agricultura utiliza el 70 % del agua dulce extraída en todo el mundo, y el cultivo de los alimentos que consume una sola persona al día requiere entre 2.000 y 5.000 l de agua. Sin embargo, cada vez será más complicado sostener este enorme consumo de agua para producir los alimentos que necesita la creciente población mundial, ya que el porcentaje de la superficie global asolada por graves sequías se ha duplicado desde la década de 1970. Los efectos del cambio climático empeorarán cada vez más, especialmente en los países en vías de desarrollo. Esto será nefasto si se tiene en cuenta que la agricultura de secano, la que depende de la lluvia, genera alrededor del 60 % de la producción mundial.

—¿Qué estáis haciendo los científicos —preguntó mi amigo— para solucionar este desastre?

—La acuciante sequía ha hecho que uno de los objetivos de la agricultura actual sea producir la misma cantidad de comida con menos agua. Para ello se desarrollan, por ejemplo, nuevos sistemas de riego y mejoras en los procesos de hibridación o mutagénesis. Sin embargo, estos procesos no son suficientes y es necesario que la biotecnología vegetal, mi disciplina científica favorita, entre en juego. ¿Cómo? Diseñando plantas transgénicas resistentes a la sequía. Es el caso de un maíz que expresa el gen cspB, procedente de la bacteria *Bacillus subtilis*, que habitualmente se encuentra en los suelos y posee la habilidad de formar una endospora protectora que

[13] Eui-Seok Chung y Brian J. Soden, «Hemispheric climate shifts driven by anthropogenic aerosol-cloud interactions», *Nature Geoscience*, 10, 2017, pp. 566-571.

protege la planta en condiciones ambientales extremas. La bacteria *Bacillus subtilis* se ha mostrado muy manejable para la manipulación genética en los estudios de laboratorio, sobre todo de esporulación, que es un ejemplo simplificado de la diferenciación celular.

—¿Qué ventajas tiene ese maíz transgénico diseñado a partir del gen cspB frente al convencional?

—Le permite necesitar un 10 % menos de agua que el no transgénico. Si piensas que este porcentaje es mínimo, te equivocas. Un 10 % en una extensión grande en riego puede suponer ahorrar millones de litros de agua; y en secano, aumentar la producción aunque disminuyan las precipitaciones.

—¿Me estás diciendo que la biotecnología vegetal, a través del desarrollo de plantas transgénicas que necesitan menos agua para crecer, puede ayudar a combatir los problemas de sequía generados por el uso abusivo de aerosoles, compuestos químicos que contaminan el medio ambiente y favorecen la aparición del tono rojizo (fruto de los fenómenos físicos de refracción y dispersión) que estamos viendo esta mañana?

—Lo has clavado. ¡Mira, ahí está Old Tjikko! —Ambos nos quedamos embobados. No era un árbol bonito (más bien nos pareció feísimo), pero siempre impresiona estar delante de un ser vivo con casi 10.000 años de antigüedad.

MÁS VIEJO QUE MATUSALÉN

La edad del Old Tjikko —nombre que le puso su descubridor, Leif Kullman, profesor de Fisiografía de la Universidad de Umeå, en homenaje a su perro— fue determinada por un test de datación por radiocarbono de su sistema de raíces, no por dendrocronología, es decir, contando los anillos de su tronco. La datación por radiocarbono es un método que utiliza el isótopo carbono-14 (^{14}C) para determinar la edad de materiales que contienen carbono y cuya antigüedad se remonta hasta unos 50.000 años. En arqueología, por ejemplo, está técnica de datación se considera altamente fiable. En 1946 el químico estadounidense Willard Libby dio a conocer los mecanismos de formación del isótopo ^{14}C a través de reacciones nucleares en la atmósfera. Más tarde, en 1949, cuando ocupaba su cargo como profesor en la Universidad de Chicago, desarrolló este método, por el que fue galardonado con el Nobel de Química en 1960.

La datación radiocarbónica no es lo suficientemente certera como para acertar el año exacto en que Old Tjikko nació de una semilla, pero, dada la edad más antigua estimada, se calcula que brotó hacia el año 7550 a. de C. En su zona hay cerca de veinte ejemplares de píceas con al menos ocho mil años de edad. Para hacerse una idea de la magnitud de la antigüedad de estos árboles, basta con recordar que la invención de la escritura no ocurrió hasta el 4000 a. de C. Lo curioso es que el tronco de Old Tjikko tiene unos pocos cientos de años, aunque el árbol como un todo ha sobrevivido gracias a un proceso de acodo (cuando una rama cae al suelo y se producen nuevas raíces) o esqueje (cuando el tronco muere pero el sistema de raíces permanece, puede aparecer un nuevo tallo).

Lo más interesante es que, durante miles de años, Old Tjikko permaneció en forma de arbusto debido a las condiciones extremas del ambiente en el que vive. Durante el calentamiento global del último siglo, el árbol se ha desarrollado de forma normal.

Durante las siguientes dos horas estuve sentado junto a Old Tjikko con mi viejo amigo. Allí le expliqué que la madera de las píceas comunes no se emplea solamente para fabricar Stradivarius, sino que es muy rica en compuestos bioactivos de gran valor añadido. Entre ellos destaca el piceatanol, una molécula perteneciente a la familia de los estilbenos y a la que se le han atribuido propiedades antioxidantes, anticancerígenas y antiinflamatorias, entre otras. Estas propiedades han convertido al piceatanol en uno de los ingredientes más prometedores de cara a su futuro uso en el diseño de nuevos fármacos y alimentos funcionales. Otro compuesto activo de gran importancia que se encuentra en la madera de las píceas es el sabineno, una molécula perteneciente a los monoterpenos que también está presente en la cáscara de la pimienta negra (*Piper nigrum*) y que los grandes cocineros usan para dar un sabor especial a sus platos.

Cuando volvimos al hotel, antes de despedirnos, el cantante me invitó a acompañarlo a la ciudad noruega de Hammerfest, la siguiente parada en su gira mundial, para, ya más cerca del círculo polar ártico, ver realmente el sol de medianoche.

—Lo siento —le respondí—, debo volver inmediatamente a la Dehesa de Campoamor. Hoy se celebra la cabalgata de los Reyes Magos y es una noche muy especial para mi hija. Quiero pasarla con ella.

8

LA CABALGATA DE LA CIENCIA

A las cuatro de la madrugada del 5 de enero de 1975, escuché un ruido y me desperté sobresaltado. A pesar de que mis padres me lo habían prohibido, abrí un ojo. Allí estaba él. Me da igual lo que años más tarde me contaron sobre los Reyes Magos. También me es indiferente que no exista ninguna referencia en la Biblia donde se haga mención a su existencia, ni a que se llamasen Gaspar, Melchor y Baltasar, ni a que perteneciesen a diferentes razas... Yo vi a Baltasar guiñándome un ojo mientras dejaba regalos para toda mi familia en el salón. Desde aquel día, no consiento que se ponga en duda la existencia de Sus Majestades de Oriente.

*

Regresé a la Dehesa de Campoamor procedente de Suecia a mediodía del día 5. Al poco de llegar, me dirigí, junto con mi hija Ruth y sus primos, a comprar un décimo de la Lotería del Niño. Soy científico, pero jamás me quedo sin comprar una participación para ese sorteo. Mi sobrino Mario, que va para matemático, se extrañó:

—¿Por qué vas a comprar Lotería de Navidad? ¿No dicen los científicos que es imposible que te toque?

—Compraré Lotería del Niño, no es lo mismo —contesté—. Hay muchas más posibilidades en este caso. Al existir 100.000 números en uno de los bombos del sorteo, la probabilidad de que te toque el Gordo de Navidad es de 0,00001, según la Teoría Analítica de la Probabilidad que el famoso astrónomo, físico y matemático francés Pierre-Simon Laplace planteó en el siglo XVIII. Según la Regla de Laplace, cuando un experimento aleatorio es regular, es decir, que todos los sucesos elementales tienen la misma probabilidad de ocurrir o son equiprobables, para calcular la probabilidad de un suceso cualquiera *A* basta contar y hacer el cociente entre el número de sucesos elementales que componen *A* (casos favorables) y el de sucesos elementales del espacio muestral (casos posibles). Es decir, en el caso de mi décimo de la Lotería de Navidad, la Regla de Laplace me permite saber que *P* (probabilidad de que me toque) = números que juego/números que hay en el bombo. En definitiva, *P* = 1/100.000, o sea, tengo una probabilidad de 0,00001 de ser agraciado con el Premio Gordo. Viene a ser como si yo señalara una palabra al azar en uno de mis libros preferidos, *El hobbit*, de J. R. R. Tolkien, que tiene unas 300 páginas y 100.000 palabras, y vosotros intentarais acertarla a la primera. Os pondré otro ejemplo. Imaginad que voy a un campo de fútbol y os llamo por teléfono para preguntaros en cuál de las 100.000 localidades me he sentado. ¿Acertaríais el lugar exacto?

—Ni de broma —concluyó Mario con cierta pesadumbre—. ¿Y comprando más décimos tendrías más posibilidades de ganar?

—La probabilidad aumentaría, pero la esperanza matemática de la ganancia, es decir, la cantidad media de veces que se «espera» que ocurra un suceso (en este caso el dinero que esperamos ganar) bajaría. En realidad, cuanto más compres, mayor es la esperanza de perder. Por eso funciona el juego. Chicos, Loterías y Apuestas del Estado destina a premios solo el 70 % de lo que recauda, por lo que siempre tiene margen de beneficios. Además, Hacienda se queda con el 20 % de cada premio que supera los 2.500 euros. Ya lo dijo el presidente estadounidense Thomas Jefferson: «El desconocimiento de las matemáticas convierte la lotería en un impuesto que recae solo en aquellos que quieren pagarlo de buena gana».

—Por cierto, la abuela compra todos los años el mismo número. Dice que algún día tocará. ¿Si haces eso se elevan tus posibilidades de ganar?

—No. Imagina que vas a jugar durante 60 sorteos seguidos. Pues bien, elijas la lista de 60 números que elijas (los números pueden ser los mismos o no y se entiende que el primer sorteo juegas al primer número de la lista, el segundo sorteo al segundo y así sucesivamente) la probabilidad de que te toque alguna de las 60 veces la lotería es siempre la misma: 1-(99999/100000)^60=0,0005998. Este número sale de lo siguiente. Si llamas A al suceso «te toca ALGUNA vez la lotería en esos años y con esos números concretos», entonces el complementario (suceso contrario) de ese suceso es el suceso B «NUNCA te va a tocar». La probabilidad de B es justamente (99999/100000)^60 y al hacer complementario, se tiene que la p(A)=1-p(B) (la probabilidad de un suceso es siempre 1 menos la probabilidad de su complementario)

A ALGUIEN LE TIENE QUE TOCAR

La probabilidad de ganar el primer premio es la misma en la Lotería de Navidad que en la del Niño, 1 entre 100.000, pero hay dos diferencias significativas entre ambos sorteos. Por un lado en los bombos del Sorteo de Navidad hay 100.000 números y 5.305 premios, distribuidos entre el Gordo, segundo, tercero, cuartos, quintos y pedreas. Por tanto, la probabilidad de ganar algo es del 5,305 %. Sin embargo, en el Sorteo Extraordinario del Niño hay también 100.000 números, pero se reparten 7.813 premios, por lo que la probabilidad de ganar se eleva al 7,813 %. También hay otra diferencia importante entre ambos sorteos. En el de Navidad solo existe el reintegro del primer premio, es decir, nos devuelven los 20 euros gastados si nuestro último número coincide con la última cifra del Gordo. Por el contrario, en el Sorteo del Niño hay tres reintegros en vez de uno, lo que triplica la probabilidad de que nos devuelvan el dinero. Resumiendo: si compramos Lotería del Niño, tenemos en torno al 38 % de posibilidades de que nos toque algo o al menos de recuperar el dinero, un porcentaje que se reduce al 14 % si adquirimos un décimo de Navidad.

—Pues mi padre sí que compra Lotería de Navidad —repuso mi sobrino Mario, dispuesto a no dar su brazo a torcer—. Antes de seleccionar el número, encontró el resultado de los últimos sorteos de Navidad celebrados y observó que el Gordo ha caído en 63 ocasiones en un número comprendido entre el 0 y el 10.000, en 73 en un número entre el 10.001 y el 30.000, y en 69 en números comprendidos entre el 30.001 y el 99.999. También vio que los números terminados en cinco han tocado más veces que cualquier otro. Además, según me dijo, hay ciudades y administraciones que han sido mas agraciadas que otras. Supongo que tú habrás tenido en cuenta todos estos factores, ¿no?

—Mario, no hay números con más probabilidad de ser agraciados que otros, todos pueden ganar cualquiera de los premios. Así que da igual en qué cifra termine o por cuál empiece. Además, la probabilidad de que el Gordo toque en una administración u otra es directamente proporcional a los boletos que haya vendido cada una. Y si ha vendido muchos décimos de números diferentes, hay más posibilidades de que toque que si ha vendido muy pocos. Las administraciones más famosas son las que más décimos venden en España..., por eso son frecuentemente agraciadas. Lo mismo ocurre con las ciudades. Si en Madrid se venden más décimos que en Murcia, hay más posibilidades de que el Gordo caiga allí. Pero una cosa debe quedar clara: todos estos factores no afectan en ningún caso a las posibilidades que tiene el comprador de que le toque. Si compras un décimo, da igual la ciudad, la administración o la terminación: tu probabilidad individual de que te toque el Gordo no cambia, es 0,00001.

*

A medida que pasaba el día, los nervios se iban apoderando de mi hija y mis sobrinos. La llegada de los Reyes Magos estaba más cerca. Para comer, les preparé un arroz con conejo y caracoles típico de mi tierra. En la elaboración de un menú se producen más reacciones físico-químicas que en el mejor de los laboratorios. Un buen ejemplo son el típico turrón navideño o el famoso roscón de Reyes Magos, en cuya elaboración intervienen numerosos procesos científico-tecnológicos.

—¿Qué te parece si elaboramos tú y yo el roscón este año? —propuso Pablo, mi sobrino mayor, un as de la química y de la cocina.

—Acepto el reto. Lo primero que debemos preparar es la glasa, aunque jamás me sale bien. ¿Has oído hablar de ella?

—Por supuesto. Se trata de azúcar glas disuelto en clara de huevo. Este tipo de azúcar molido a tamaño de polvo, con cristales de un diámetro inferior a 0,15 mm, contiene un 2-3 % de almidón para evitar que se apelmace debido a su elevada higroscopicidad, es decir, a su capacidad para absorber la humedad. Para elaborar el carbón de Reyes, hay que adicionar poco a poco azúcar glas a la clara del huevo y agitar la mezcla.

—¿Para qué necesito agitar?

—Vaya químico estás hecho —replicó Pablo, que estaba disfrutando con aquella clase magistral—. La agitación provoca la incorporación de burbujas de aire, que quedan retenidas gracias a las propiedades de las proteínas globulares que contiene la clara de huevo. Se forma así una espuma de color blanco, por lo que se dice que ya está «a punto de nieve». A medida que agitas, el azúcar se va disolviendo en el agua que contiene la clara de huevo. El azúcar retarda el «punto de nieve», pues disminuye la capacidad de la espuma para retener aire. Por eso, en comparación con lo que ocurre en una clara a punto de nieve tradicional, la glasa real no aumenta mucho de volumen al batirla. Cuando el azúcar ya no se disuelve más porque la clara está saturada, se obtiene un medio muy viscoso, la glasa.

—Listo. ¿Y ahora qué hago?

—Añade limón a la glasa y así modificarás sus propiedades organolépticas y nutritivas. Como bien sabes, la estructura de las proteínas se ordena en una serie de niveles que van desde la estructura primaria a la cuaternaria. Sin embargo, cualquier factor que modifique la interacción de la proteína con el disolvente puede disminuir su estabilidad en disolución y provocar la precipitación. Se dice entonces que la proteína se encuentra desnaturalizada. Como consecuencia de esta desnaturalización pueden producirse diversos efectos en una proteína, como un aumento de su viscosidad, una fuerte disminución de su solubilidad y la pérdida significativa de alguna de sus propiedades biológicas. En el caso del carbón de Reyes que estamos preparando, al añadir el limón se produce una bajada del pH debido al ácido cítrico y al ácido ascórbico. Este descenso en el pH provoca la pérdida de las estructuras secundaria, terciaria y cuaternaria de las proteínas de la clara de huevo, con lo cual la cadena polipeptídica queda reducida a una simple cadena de aminoácidos. Las proteínas se han desnaturalizado y las cadenas de aminoácidos se despliegan atrapando el azúcar que habíamos añadido anteriormente.

—Ya tengo la glasa preparada y las proteínas desnaturalizadas. ¿Cuál es el siguiente paso, sobrino?

—Mientras hablábamos, he calentado en un recipiente agua y azúcar hasta que la mezcla ha hervido a 140 °C. Sí, ya sé que el agua hierve a 100 °C, pero, al añadirle azúcar, su punto de ebullición ha aumentado. Mira, he traído unas gráficas como las que manejan los cocineros profesionales donde se puede ver la temperatura exacta de ebullición de la mezcla agua-azúcar según la concentración. Estas gráficas muestran que hay que añadir la glasa cuando la temperatura de la mezcla agua-azúcar alcanza los 140 °C. A partir de ahí se desencadenan una serie de reacciones físicoquímicas que dan lugar al carbón dulce que dejan los Reyes Magos.

—¿A qué reacciones te refieres, Pablo?

—En primer lugar se produce la reacción de Maillard debido a la existencia en el medio de reacción de aminoácidos (habitualmente procedentes de proteínas), azúcares reductores (glucosa y fructosa, que proceden de la hidrólisis parcial de la sacarosa), calor y un ambiente seco. Debe su nombre al médico y químico francés Louis-Camille Maillard, que fue el primero en describir esta reacción, una de las más importantes en el campo de la ciencia y la tecnología de los alimentos y que engloba varios procesos bastante complejos. También se producen reacciones de caramelización, aunque estas no necesitan aminoácidos para llevarse a cabo. Ambas reacciones tienen una gran influencia no solo en el sabor y el color del carbón dulce, sino también en su estructura. ¿Ves como el carbón se va oscureciendo? Paralelamente a la reacción de Maillard se produce la coagulación total de las proteínas de la clara, dando lugar a una estructura tridimensional elástica de gran importancia en nuestro dulce. El azúcar presente ayuda a que se estire esta red, cuya misión es atrapar parte del vapor liberado en el proceso de ebullición del agua. El vapor, en su intento de salir al exterior, provoca la expansión de la red tridimensional, que se va «hinchando» poco a poco hasta que se rompe la estructura tridimensional y lo deja escapar. Si se retira del fuego, el vapor sale menos violentamente y la estructura reduce su volumen, pero, al volver a calentar, se hincha de nuevo. Listo. Ahora debemos dejarlo enfriar. El descenso de la temperatura provoca la solidificación del azúcar, con lo cual se forma una estructura rígida de naturaleza amorfa que atrapa burbujas de aire en su interior y que proporciona ese aspecto tan característico del carbón dulce.

—¿Podré comérmelo en cuanto se enfríe? —preguntó con ojos golosos.

—No, Pablo. Debes dejarlo en el salón y Sus Majestades elegirán su destinatario. Es muy posible que seas tú.

—O tú...

*

Salimos de la cocina a las seis de la tarde. Ruth y Mario estaban jugando con un *slinky*, ese sencillo muelle helicoidal con el que muchas generaciones nos hemos divertido.

—¿Sabéis que este juguete científico es uno de los mejores recursos para explicar física?[14] Sirve para visualizar los tres tipos diferentes de movimiento en el medio a través del cual pasa una onda. Si mueves el extremo del muelle de lado a lado, o de arriba hacia abajo, observarás que una onda de desplazamiento de lado a lado (o de arriba hacia abajo) viaja a lo largo del mue-

[14] César Tomé López, «Tipos de ondas», *Cuaderno de Cultura Científica*, Universidad del País Vasco, 30 de octubre de 2018; disponible en <culturacientifica.com/buscar/slinky>.

lle. Cuando los desplazamientos son perpendiculares a la dirección en que viaja la onda, se denominan ondas transversales. Si ahora empujas el extremo del *slinky* hacia delante y hacia atrás, a lo largo de la dirección del propio muelle, observarás una onda de desplazamiento de ida y vuelta que viaja a lo largo de él. Cuando los desplazamientos se producen en la misma dirección en la que se desplaza la onda, se denominan ondas longitudinales. Finalmente, si giráis el extremo del muelle rápidamente hacia la derecha y hacia la izquierda, una onda de desplazamiento angular se mueve a lo largo del muelle. Cuando los desplazamientos giran en un plano perpendicular a la dirección de la onda, se los llama ondas torsionales.

—Prima, tu padre nos ve jugando con un muelle y se pone a hablar de ondas físicas —le susurró Mario—. Lo que tendrás que aguantar todos los días.

—No lo sabes tú bien... —dijo Ruth con resignación.

—Venga, familia, al coche —dije dando por zanjada la conversación—. Este año veremos la cabalgata en Torrevieja.

Por el camino, mi sobrino Pablo sacó de su mochila un envase con forma de tubo que contenía algo parecido a las patatas fritas. Después de ofrecer a los demás, nos explicó que en ese aperitivo se combinan la química y las matemáticas para dar lugar a un producto científicamente maravilloso.

PARABOLOIDES HIPERBÓLICOS COMO APERITIVO

La compañía en la que trabajaba le hizo un encargo muy especial al químico orgánico Fredric Baur (1918-2008): crear unas patatas fritas que tuvieran una forma y tamaño uniformes, que pudieran ser apiladas (no apiñadas) y empaquetadas sin que se rompieran, y cuyo envase tuviese la menor cantidad de aire posible para que fuesen menos perecederas que las de otras marcas.

Baur diseñó un contenedor cilíndrico y una patata con forma de silla de montar, o, dicho de forma matemática, de paraboloide hiperbólico, una superficie que tiene unas propiedades muy interesantes gracias a sus curvaturas. Baur empleó esta forma tan particular por varias razones. El paraboloide hiperbólico es una superficie estable que ofrece resistencia a las fracturas, por eso se emplea mucho en el diseño de algunas piezas de arte y obras arquitectónicas. Por ejemplo, Antoni Gaudí lo utilizó para diseñar algunas zonas del Parque Güell de Barcelona. En este caso, si la forma de las patatas fuese plana cabrían más en el cilindro, pero también se romperían más y necesitarían un mayor grosor, como ocurre con las galletas.

Pero hacer unas patatas con la forma, el tamaño y el grosor necesarios no fue fácil. Baur recurrió a la química y cambió el proceso de producción de las patatas fritas tradicionales. Prepararon las patatas fritas mezclando patatas deshidratadas con agua para formar una masa especial. Luego, colocaron esta masa en un molde y frieron las piezas hasta que quedaron crujientes.

Desde el punto de vista de la composición química, este tipo de aperitivo solo contiene un 42 % de patata. Esto le ocasionó varios problemas a la empresa porque, con la ley estadounidense en la mano, no se puede llamar «patata frita» a un producto con menos del 50 % de ese tubérculo. El resto de los ingredientes son almidón, distintos tipos de harinas, aceites vegetales y potenciadores de sabor. Su contenido en grasa está entre un 15 y un 35 %, significativamente inferior al de las patatas fritas tradicionales. Esta composición hace que se puedan freír en un tiempo de entre cinco y sesenta segundos, mientras que las convencionales requieren de uno a tres minutos. Pero su gran ventaja es que aguantan mucho tiempo en el bote sin echarse a perder ni romperse... y todo gracias a su peculiar forma de silla de montar.

Las cabalgatas de los Reyes Magos han cambiado mucho en los últimos años. Ahora, antes de que aparezcan Sus Majestades, desfilan decenas de personajes de todo tipo. Este año, mi hija y sus primos comenzaron a gritar entusiasmados cuando aparecieron sus seres más queridos, unas pequeñas criaturas de color amarillo banana, con uno o dos ojos, que se habían convertido en auténticas estrellas del cine. Cuando menos lo esperaba, Ruth sacó su vena curiosa... y yo, la mía científica.

—Si existieran tal y como se les ve en la película, ¿cuánto medirían realmente?

—En la película se observa que el más alto de todos le llega a su villano favorito a la altura de la rodilla. Suponiendo que este posea la estatura media de un humano, es decir, unos 178 cm, y teniendo en cuenta la distancia entre la rodilla y la planta del pie, se puede establecer que tus adorados ayudantes de villano miden, como mucho, 45 cm. No se les puede considerar enanos, ya que este término se emplea para referirse a individuos que tienen una talla sensiblemente inferior a la del resto de su especie, y todas estas criaturas amarillas tienen más o menos la misma altura. Así que simplemente son «seres de talla baja algo excéntricos».

—¿Y por qué son tan raros?

—La respuesta nos la da la genética, Ruth. Estos divertidos seres tienen alterados varios de los genes responsables de su desarrollo. Me refiero a los genes homeóticos, que participan en el desarrollo de los organismos. Entre otras funciones estos genes tienen como objetivo indicar a las células si deben formar parte de la cabeza, del tórax o del abdomen del individuo. Cuando estos genes no hacen bien su función, aparecen alteraciones en el desarrollo corporal, como las que se aprecian en tus diminutos amigos. Por eso tienen un físico tan extraño. Esos genes homeóticos se descubrieron por vez primera en la mosca del vinagre o de la fruta (*Drosophila melanogaster*). Esta mosca era rarísima: donde tenían que aparecer antenas, le surgieron patas, y además tenía más alas de lo normal.

—Pobrecita —dijo mi hija—. ¿Y qué genes homeóticos han provocado esas alteraciones en estas divertidas criaturas?

—El pequeño cuerpo de tus minipersonajes está bastante desproporcionado, lo que podría ser un síntoma claro de hipocondroplasia y/o acondroplasia. Un médico te explicaría que el desorden en sí consiste en una modificación del ADN causada por alteraciones en el receptor del factor de crecimiento 3 de los fibroblastos, lo que a su vez genera anormalidades en la formación de cartílago. El gen N540K, situado en el cromosoma 4 humano, ha mutado en los afectados por acondroplasia. Pero como a ti este lenguaje te suena a chino, te diré que la hipocondroplasia da lugar a un acortamiento de los huesos largos, aunque la longitud de la columna vertebral suele mantenerse en la media. Esto provoca un aspecto irregular que se caracteriza por macrocefalia —la circunferencia de la cabeza es más grande que el promedio—, piernas y brazos cortos. Desgraciadamente, aún no existe un tratamiento efectivo para la hipocondroplasia, aunque se está investigando activamente en la lucha contra esta enfermedad.

—¿Y por qué hablan tan raro? —me preguntó recordando cuánto se había divertido con eso viendo las tres películas que protagonizaban sus ídolos.

—Es posible que esa forma de hablar que solo tú entiendes delate que tienen un problema con el gen FoxP2.

EL GEN DEL HABLA

A pesar de que se lo conoce así popularmente, el gen FoxP2 es solo uno más de los múltiples factores que influyen en el lenguaje. Sin embargo, su correcto funcionamiento parece imprescindible para un desarrollo normal del mismo. Este gen fue descubierto gracias a la llamada que recibió un grupo de científicos de la Universidad de Oxford desde una cercana escuela de logoterapia. Un grupo de niños de la misma familia presentaban determinados defectos del habla y del lenguaje que se remontaban hasta los bisabuelos. Eso sí, el gen FoxP2 no es exclusivo del ser humano, sino que es probable que exista en todos los vertebrados, incluidos los humanos y tus minisecuaces, en los que se expresa en las mismas áreas cerebrales: núcleos basales, cerebelo, tálamo y córtex o regiones equivalentes.

—¿Y por qué algunos tienen un solo ojo?

—La causa podría ser una mutación de otro gen homeótico que participa en el desarrollo de los organismos. En esta ocasión me refiero al Pax-6, que ha sido aislado en mamíferos, anfibios, peces, nematodos, gusanos... y a lo mejor también está en esos personajillos amarillos. El gen Pax-6 se expresa durante las primeras etapas del desarrollo del ojo, y cuando este gen se encuentra en mal estado provoca alteraciones de la lente, la córnea o la retina.

—Pues lo que más me gusta de ellos es, precisamente, que sean amarillos. ¿Por qué tienen este color?

—Vete a saber, un malvado científico loco podría afirmar que se debe a una mezcla de ADN mutante, ácidos grasos y dos tazas y media de bananas trituradas... Pero como aún no he enloquecido, diría que hay tres razones posibles. La primera: seguramente, y al igual que ocurre en diversos peces, anfibios, crustáceos o cefalópodos, su color amarillo procede de unas células, los cromatóforos, que poseen pigmentos en su interior que reflejan la luz. Los diversos tipos de cromatóforos se diferencian por el color que reflejan: los cianóforos, el azul; los eritróforos, el verde; y los xantóforos, el amarillo. La segunda: la alimentación también puede influir en el color de esos minidevoradores de bananas que tanto te gustan. Los alimentos amarillos son pobres en unos pigmentos llamados carotenoides, muy abundantes en los tomates, las zanahorias y otros alimentos rojizos o anaranjados que, si los comieran, harían cambiar el color de tus traviesos amiguitos. La tercera: la genética también influye en su color amarillo. Por la pinta que tienen, seguro que poseen los mismos genes responsables de los xantóforos que dan su color amarillo a los peces cebra, como los que tenemos en la pecera de casa y que suelen usarse para la investigación.

—¿Y por qué empleáis los científicos peces cebra?

– Por su homología genética con el ser humano, es decir, por su parecido con cualquiera de nosotros: compartimos con estos peces más del 80 % del genoma y esto permite que los resultados obtenidos cuando se prueban fármacos en estos animales sean potencialmente extrapolables a los humanos...

De pronto, y cuando menos me lo esperaba, vi a mi pesadilla. Allí, en la cabalgata, estaba una de las protagonistas de la película que más veces ha visto mi hija. Se trataba de una princesa que estuvo congelada y, sorprendentemente, no murió por hipotermia extrema porque su hermana la descongeló con un enternecedor gesto de amor verdadero. Indignado, me subí a una silla y proclamé a los cuatro vientos:

—Sabed todos que esta cabalgata no tiene ningún rigor científico. La princesa no pudo sobrevivir a las bajas temperaturas que sufrió durante el tiempo que permaneció congelada. La termodinámica lo explica perfectamente.

En ese momento se hizo el silencio y decenas de personas me miraron con cara de pocos amigos. Muchas incluso tapaban las orejas de sus hijos para que no me escucharan. Hasta mi familia me miraba horrorizada.

—No os pongáis a la defensiva y escuchadme. A pesar de que varía según la persona, la edad, la actividad y el momento del día, la temperatura corporal normal de una persona es de unos 37 °C. Si la temperatura es inferior, se entra en la fase de hipotermia y se produce una serie de cambios fisiológicos que pueden alterar gravemente la salud y producir incluso la muerte. ¿Queréis saber qué grado de hipotermia alcanzó la princesa en esa película embustera?

PARA MORIRSE DE FRÍO

En la fase de hipotermia leve (33-35 °C) comienzan los escalofríos, las manos se entumecen, los vasos sanguíneos de las extremidades se contraen, la respiración se vuelve rápida, el corazón se acelera.

Cuando la temperatura sigue bajando (30-33 °C) se entra en la fase de hipotermia moderada, en la que los escalofríos se vuelven más violentos, los movimientos son lentos y costosos y los vasos sanguíneos se contraen aún más, con lo que las personas empalidecen y sus labios, orejas y dedos de las manos y pies muestran un tinte cianótico, es decir, azulado.

Y al llegar a valores por debajo de los 30 °C, se entra en la fase de hipotermia grave, en la que los procesos metabólicos celulares se bloquean. La piel expuesta se vuelve azul, la coordinación muscular se torna muy pobre, caminar se convierte en algo casi imposible, la víctima muestra un comportamiento incoherente e irracional. En estos momentos el pulso y el ritmo respiratorio disminuyen de manera significativa, aunque pueden aparecer ritmos cardíacos rápidos (taquicardia ventricular, fibrilación auricular).

Finalmente, los órganos principales fallan y, cuando la temperatura corporal baja hasta los 24 °C, el límite inferior compatible con la vida, se produce la muerte clínica.[15]

La respuesta de la gente de mi alrededor fue unánime. Aunque todos parecían indignados y dispuestos a lincharme, estaba convencido de que querrían oír cómo concluía mi análisis científico.

—Puesto que su entorno mientras estuvo congelada era hielo puro, cuando su hermana hizo el gesto de amor verdadero la temperatura de la princesa era claramente inferior a 5 °C. Eso es una muerte segura.

Ruth, Mario y Pablo me miraban horrorizados. La gente empezó a increparme, pero, por suerte, llegaron los tres Reyes Magos y todos se olvidaron de mí. Baltasar es el preferido de mi hija, así que su cara se iluminó cuando lo vio acercarse cargado de mirra.

—¿La mirra existe de verdad? —me preguntó sin apartar la vista de «su» Baltasar.

—Claro. Es una sustancia resinosa aromática que se obtiene de la corteza de un árbol llamado *Commiphora myrrha* que crece en el noreste de África. Se usa a diario como antiséptico en enjuagues bucales y dentífricos. Además, varios estudios científicos con ratas y ratones han demostrado que la mirra tiene propiedades analgésicas y antiinflamatorias, además de ayudar a reducir el peso corporal y mejorar el nivel de lípidos en la sangre. Eso sí, habrá que seguir investigando para conocer sus posibles efectos en humanos.

—Vale, pero no creo que Baltasar le llevara mirra al niño Jesús para que se lavara los dientes...

—La mirra era muy valorada en la Antigüedad para elaborar

[15] Douglas J. A. Brown et al., «Accidental Hypothermia», *The New England Journal of Medicine,* 367 (2012), pp. 1930-1938.

perfumes, incienso, ungüentos, medicinas y otros productos. Pero las razones por las que tu amigo Baltasar le regaló mirra a Jesús no se saben exactamente. Hay quien dice que, por su sabor amargo, ese presente era un presagio de la vida de sufrimiento que le esperaba. Otros aseguran que, debido a que la mirra se empleaba para embalsamar, el Rey Mago se la regaló para anunciar que, tarde o temprano, terminaría muriendo. Vete tú a saber.

—¿Has visto qué camello tan bonito trae este año Baltasar?

—No es un camello, es un dromedario —puntualicé.

¿CUÁNTAS JOROBAS TIENE?

Existen tres géneros de animales pertenecientes a la familia de los camélidos: *Camelus*, como el camello y el dromedario; *Vicugna*, que incluye la vicuña y la alpaca; y *Lama*, en el que se encuentran el guanaco y la llama. El género *Camelus*, los camélidos jorobados, vive en las llanuras áridas y los desiertos asiáticos y africanos; y *Vicugna* y *Lama*, los camélidos sin joroba, habitan en las alturas andinas en Sudamérica.

El rey Baltasar va a lomos de un *Camelus dromedarius*, un animal original de la península arábiga pero que hoy puede verse en muchos otros lugares. Los dromedarios presentan un pelaje mucho más corto que el de los camellos debido a que las temperaturas en Arabia —la península situada entre el mar Arábigo y el Mediterráneo— son más cálidas que en el desierto de Gobi —entre China y Mongolia—, donde los inviernos son bastante fríos. Además, los camellos tienen extremidades más cortas y robustas, características más adecuadas para mantener el equilibrio en terrenos montañosos y en suelos helados o cubiertos de nieve. Esto hace que los dromedarios tengan una mayor talla, pero los camellos sean más pesados. La forma más rápida de diferenciarlos es contando sus jorobas o gibas: los camellos tienen dos y los dromedarios, una.

—¿Es cierto que las jorobas están llenas de agua?

—Aunque es cierto que estos animales pueden llegar a beber hasta 135 litros de agua en unos quince minutos, en realidad esas jorobas son acumulaciones de grasa, no de agua. Su función es crucial para estos animales, ya que pueden convertir esa grasa en agua o energía cuando lo necesitan. Los camellos y dromedarios son capaces de producir hasta 8,2 litros de agua por cada kilogramo de grasa catabolizada, por eso pueden viajar muchos kilómetros por el desierto sin beber. Además, raramente sudan, incluso a temperaturas cercanas a los 50 °C, lo que les permite mantener los líquidos ingeridos durante largos periodos de tiempo sin deshidratarse.

—El dromedario de Baltasar me está mirando —advirtió mi hija—. Con esa nariz y esa boca, no es precisamente atractivo.

—A diferencia de los humanos, los dromedarios son capaces de cerrar sus orificios nasales, no solo para protegerse de la entrada de arena, sino también para limitar las pérdidas de agua por la respiración. Además, sus conductos nasales tienen propiedades higroscópicas, que permiten que, cuando están deshidratados, puedan captar el agua del aire. Por otra parte, las espesas cejas y las dos filas de largas pestañas protegen sus ojos de la arena. Además, sus labios, anchos y duros, le permiten arrancar las secas y espinosas plantas del desierto sin dañarse.

—Voy a mirarlo mal para que se vaya.

—Ni se te ocurra. Aunque se dejan domesticar, los dromedarios son mucho más temperamentales que los camellos y se ponen muy nerviosos si los molestas. Eso sí, también son mucho más rápidos galopando, por eso los Reyes Magos los prefieren a los camellos, así les da tiempo a repartir todos los regalos. Por cierto, ¿quieres que te cuente un secreto? A los dromedarios les gustan las hojas, la hierba seca, las acacias y los dátiles. Si esta noche les dejas de comer lo que más les gusta, se quedarán mucho tiempo en casa y te pondrán más regalos.

—Lo haré..., pero no se lo digas a mis primos.

*

La inminente llegada de los Reyes Magos hace que, año tras año, mi hija dé infinitas vueltas en la cama antes de dormirse. Ese 5 de enero, eran las once y media de la noche y seguía despierta, así que decidí hablarle de la cronobiología, la disciplina científica más relacionada con el sueño, sobre la que J. C. Hall, M. Rosbash y M. W. Young han hecho grandes descubrimientos, que les valieron el Nobel de Fisiología y Medicina en 2017.

—Los descubrimientos de Hall, Rosbash y Young —comencé a contar— tienen grandes implicaciones para nuestra salud y bienestar, ya que explican cómo las plantas, los animales y los humanos adaptamos nuestros ritmos biológicos para que se sincronicen con la rotación de la Tierra. Sus investigaciones han mostrado que los mecanismos moleculares que ocurren en el interior de nuestro organismo sufren una oscilación que se repite a lo largo de un periodo de 24 horas. El correcto ajuste de nuestro «reloj biológico» a este ritmo circadiano permite mantener un buen estado de salud, mientras que su desajuste puede influir en el envejecimiento, la aparición de patologías graves (como algunos tipos de cáncer) y la alteración del sueño.

—Hablando de sueño, ¿cuántas horas debemos dormir para estar sanos?

—Según los especialistas en cronobiología, no hay un tiempo exacto, depende de muchos factores como el sexo, la edad o el ritmo de vida. Aunque hay personas que con seis horas de sueño se encuentran perfectamente, los adultos deberíamos dormir entre 7 y 9 horas para no encontrarnos cansados ni somnolientos.

> **VAMOS A LA CAMA, QUE HAY QUE DESCANSAR...**
>
> Durante nuestras horas de descanso se producen numerosos procesos que favorecen la recuperación. Se activa el sistema inmunitario, la regeneración de la piel y los tejidos, baja la presión arterial, se producen hormonas como la melatonina y la leptina, disminuye el apetito, aumenta la resistencia a la insulina y se reducen la producción de orina y la temperatura interior corporal, entre otros muchos efectos.
>
> Pero el tipo de sueño no es el mismo durante toda la noche. En las primeras horas predomina el sueño N-REM, caracterizado por un ligero descenso en la actividad neuronal y que favorece la recuperación del cansancio físico. Posteriormente, durante la segunda parte de la noche, aparece el sueño REM. En él la actividad cerebral es muy alta y parece ser necesario para la consolidación de la memoria.

—¿Qué se puede hacer para dormir mejor?

—Aumentar las horas de actividad física, exponernos más tiempo a la luz natural, cenar como mínimo dos horas antes de acostarnos, controlar nuestro peso, no dejar luces encendidas (ni tampoco la televisión o la radio) por la noche en nuestro dormitorio... Y, sobre todo, conseguir que nuestro cerebro reduzca su activación un par de horas antes de irnos a la cama. Por eso no debemos usar dispositivos con pantallas electrónicas, como móviles o tabletas, una o dos horas antes de dormir.

—Y si no dormimos lo suficiente, ¿qué nos puede pasar?

—En tu caso, irás tan cansada que sacarás malas notas. Una parte del fracaso escolar debe atribuirse a la falta de sueño de los jóvenes. Si las personas no duermen lo suficiente, aparte del cansancio, pueden tener trastornos de memoria, depresión, inmunodepresión, trastornos digestivos, obesidad, diabetes tipo 2, algunos tipos de cáncer, hipertensión y accidentes cerebrovasculares. Además, aumenta el riesgo de sufrir accidentes o cometer errores en el trabajo por fallos en la concentración. Pero hoy, si no te duermes pronto, lo más importante es que... ¡¡mañana no habrá regalos!!

Tras esa amenaza, mi hija se durmió en treinta segundos. Yo también me acosté, pero no conseguí conciliar el sueño. Mi recuerdo infantil seguía estando presente y pensaba que en cualquier momento aparecería Baltasar. Tras una hora dando vueltas en la cama, decidí recurrir a la melatonina, una hormona sintetizada a partir del aminoácido esencial que está presente en humanos, animales, plantas, hongos y bacterias.

La melatonina se produce en una pequeña glándula endocrina situada en el cerebro de los vertebrados, la glándula pineal, y participa en numerosos procesos celulares, neuroendocrinos y neurofisiológicos. Cuando la intensidad de la luz ambiental desciende, la glándula pineal segrega melatonina y esta hormona hace que nos dé sueño. La secreción es progresiva, y la presencia en sangre de la melatonina tiene la forma de una campana de Gauss, es decir, con un pico a una determinada hora de la media noche y un descenso a medida que se acerca el día.

Para quedarme dormido, ingerí una cantidad extra de melatonina en forma de complemento alimenticio. Debido a la controversia sobre la dosis adecuada para conciliar el sueño, que en Estados Unidos se ha fijado en 5 mg, seguí el consejo de la EFSA y me tomé 1 mg. Poco después, cerré los ojos.

*

A las siete de la mañana, Ruth vino a mi habitación para que me levantara. Lo primero que encontramos al salir fueron restos de acacia y dátiles esparcidos por el pasillo, signo inequívoco del paso de Sus Majestades por la casa. El salón estaba lleno de paquetes. El primero de ellos, con mi nombre, contenía el carbón que me había anunciado mi sobrino Pablo. Cuando mi hija desenvolvió su primer regalo, noté que algo había ido mal. Baltasar le había traído a Ruth un juego de química con probetas, buretas, matraces y otros materiales, así como unas gafas de seguridad de laboratorio y los reactivos necesarios. Reconozco que, en mi afán de despertar su vocación científica por la química, algo se me había ido de las manos cuando escribí la carta a los Reyes Magos.

—No pongas esa cara. Los regalos químicos pueden ser muy divertidos. ¿Hacemos un *slime* de esos que parecen un gran moco verde, aunque en realidad es un fluido no newtoniano?

—Lo que me faltaba... Baltasar me trae un juego de química y mi padre aprovecha para hablarme de ciencia.

—Te lo pasarás bien, y a mamá le «encantará» que convirtamos el salón en un laboratorio químico durante unas horas. Por cierto, los *slime* son polímeros, unos materiales que se forman cuando los monómeros se juntan para crear cadenas más largas. Es posible que te suene raro, pero hay polímeros en tu ropa, en tu material escolar, en tu cepillo de dientes y en muchos sitios más. Pero el *slime* que vamos a fabricar es un polímero muy especial, porque es capaz de fluir como líquido y resistir como sólido. Si le aplicamos una fuerza pequeña se comportará como un líquido, pero si ejercemos una fuerza mayor actuará como un sólido. Además, su viscosidad varía con la temperatura. Todo eso es lo que convierte al *slime* en un fluido no newtoniano. Conoces muchos fluidos de este tipo: la pasta de dientes, la mantequilla, la mermelada, el kétchup, la sopa, la mayonesa, el yogur, sin olvidarnos de la lava, el magma, la sangre, la saliva... Por el contrario, los fluidos newtonianos son aquellos cuya viscosidad puede considerarse constante, como el agua.

—¿Podemos hacer *slime* amarillo? —me pidió con una leve sonrisa.

> INGREDIENTES PARA EL «SLIME»
>
> El *slime* es muy fácil de preparar, aunque, si eres menor, pide ayuda a un adulto. Se necesitan tres reactivos: PVA, bórax y colorante. Las siglas PVA son las iniciales, en inglés, del acetato de polivinilo, un polímero no tóxico y biodegradable. Se usa tradicionalmente para conservar lentillas, en lubricantes, guantes de laboratorio, bolsas de detergente que se disuelven, fabricación de juguetes, etcétera. El bórax es una sal de boro que se emplea en detergentes, suavizantes, jabones, desinfectantes, pesticidas y en la fabricación de esmaltes, vidrio y cerámica. En este experimento se aprovecha la capacidad del bórax para convertirse fácilmente en ácido bórico.

—Claro. Es tan fácil que lo vas a hacer tú sola, aunque con mi supervisión. Primero, lávate bien las manos antes de empezar y no comas o bebas mientras lo elaboramos. Al mezclar en las proporciones exactas bórax, agua, PVA y el colorante (amarillo, en tu caso, para conseguir ese color asqueroso que tanto te gusta), se forma un material cuya viscosidad depende del tipo de PVA empleado y de la cantidad de bórax.

Nos entretuvimos un buen rato y obtuvimos un repugnante *slime* amarillo. Por si acaso le recordé que, cuando se cansara de jugar con él, debía guardarlo en una bolsa de plástico, mejor con autocierre, para que no se secara.

—¡Qué chulo! Pero no puedo llevar reactivos químicos al colegio. ¿Cómo preparo *slime* en clase?

—Primero, pide permiso a tu profesor o profesora. Necesitarás 180 gramos de nubes de golosina, 100 gramos de harina y colorante alimentario. Pon las nubes en un recipiente y caliéntalas en el microondas durante 30 segundos, remueve y vuelve a calentar las veces que sea necesario hasta conseguir que se fundan por completo. Luego, añade la mitad de la harina. Mánchate las manos con harina y amasa. Añade más harinas cada vez que se te pegue la masa durante el proceso, hasta alcanzar la consistencia deseada. Para que quede más chulo, añade colorante alimentario del color que más te guste. ¡¡Tus amigos y amigas fliparán con el fluido no newtoniano que conseguirás!!

A mi hija, el experimento del *slime* le gustó. Mientras yo encendía la televisión y comprobaba, un año más, que no me había tocado la lotería, se oyó un ruido en la cocina y Ruth fue a averiguar su origen. De repente, un grito se escuchó en toda la casa.

—¡¡¡Un gatooooooo!!!

Cuando llegué, no paraba de gritar y de llorar de alegría. Baltasar le había traído el regalo que le había pedido. Pero cuando mi hija se lo llevó a su habitación, que estaba a oscuras, el lindo gatito emitió una luz verde muy intensa que lo hacía brillar en la oscuridad.

—Papá, ¿qué está pasando?

—No lo sé con seguridad, pero me parece que este gato tiene un Premio Nobel...

9

UNA LINDA GATITA

Cuando era joven tuve un gato, Pelón. Un día, contrajo el lentivirus de la familia *Retroviridae* que causa la inmunodeficiencia felina. Esta enfermedad, conocida como «el sida felino», afecta a un 11 % de los gatos del mundo y no se puede transmitir a los seres humanos ni a otros animales. Cuando un gato es infectado por este virus puede ocurrir que venza totalmente a la infección y no quede ningún rastro; que se convierta en portador sano del virus pero que nunca llegue a enfermar, disfrutando de una vida larga, saludable y relativamente normal; o, en el peor de los casos, que tenga serias complicaciones inmunológicas o incluso muera, como le ocurrió a Pelón. Por eso siempre he sido reticente a tener un nuevo gato en casa.

Pero un regalo nunca se devuelve, y menos si procede del rey Baltasar. Además, en el momento en que vi la cara de mi hija, entendí que la familia tenía un nuevo miembro. Así que decidí imaginar cómo serían mis conversaciones con el felino, y resultó ser un experto en física, química, genética, evolución, biotecnología, medicina, enzimología... e incluso en la carrera espacial.

—Hola, gatito. ¿De dónde has salido?

—Como todos los gatos domésticos, desciendo del gato salvaje africano, una subespecie del gato montés euroasiático. Los estudios de ADN de muestras de restos gatunos tomadas en momias egipcias, yacimientos vikingos, cuevas de la Edad de Piedra y otros lugares han demostrado que, aunque originalmente los gatos éramos salvajes, sufrimos dos domesticaciones diferentes: una en el Próximo Oriente hace 10.000 años y otra posterior en Egipto.

—Perdona...

—No me interrumpas. Nuestros primeros antepasados comenzaron a convivir con humanos hace diez milenios, cuando vuestras cosechas eran invadidas por roedores y nosotros fuimos la solución. Nos zampamos a esos roedores que os estaban fastidiando... y nos hicimos amigos. Todos salimos ganando de aquel trato. Luego, la convivencia con los humanos durante el Neolítico en el Próximo Oriente dio lugar a una selección de los gatos más sociables, que acabaron saliendo de la península de Anatolia en un primer linaje que conquistó la actual Bulgaria hace más de 6.400 años. Los científicos que analizaron el ADN de momias felinas egipcias descubrieron que un segundo linaje dominó Egipto. Se cree que estos gatos conquistaron el Mediterráneo hace unos 3.000 años a lomos de los barcos mercantes, en los que eran introducidos para acabar con ratas y ratones.

—Pero...

—Calla. Los gatos de entonces eran como los de ahora, con la piel llena de manchas de todos los colores. El ADN analizado confirma lo que ya sugerían las pinturas del Antiguo Egipto: en aquellos tiempos predominaban los gatos atigrados listados, con bandas en su pelaje, como sus hermanos salvajes...

—¡Déjame hablar! Mi pregunta era mera cortesía, no me cuentes toda vuestra historia. Vayamos al grano: ¿eres gato o gata?

—Baltasar me dijo que me dejaba en casa de un científico, pero veo que dejas mucho que desear como investigador. ¿No te das cuenta de que mi piel está formada por tres colores (naranja, blanco y negro) y esto es signo casi inequívoco de que soy gata? Y si eso te sorprende, ya verás cuando te cuente que mis primos siameses cambian de color con la temperatura.

DE NOCHE TODOS LOS GATOS SON PARDOS

Los gatos tienen pelajes con una infinita variedad de tonalidades: los hay negros, naranjas, blancos, cremas como los siameses, gris perla como los persas, tricolores... Pues bien, el color del pelaje en los gatos es una característica ligada al sexo. Como los demás mamíferos, los gatos tienen dos cromosomas sexuales: X e Y. La madre aporta el cromosoma X y el padre puede aportar el X o el Y. Pues bien, si ves a un gato con tres colores distintos, puedes apostar que es hembra.

En los gatos, el gen para el color naranja está ubicado en el cromosoma X y puede tener un alelo (cada una de las formas alternativas que puede tener un mismo gen y que se manifiestan en modificaciones concretas de su función) para el color negro. Por tanto, la única forma de que ambos alelos se den juntos y combinados con blanco es que haya dos cromosomas X, es decir, que sea una gata. En general, los machos solo tienen otro color además del blanco. Por ello, aproximadamente solo uno de cada tres mil gatos tricolores es macho.

—¡¿Cómo?! —pregunté sorprendido.

—¿Trabajas en un Departamento de Bioquímica y Biología Molecular especializado en enzimología y no sabes el papel de la tirosinasa en el color de los gatos siameses?

—¡Pero si esa es una de las enzimas sobre las que más trabajos científicos hemos publicado en nuestro grupo de investigación!

—Peor me lo pones. No tienes ni idea de genética..., pero

tampoco de bioquímica. Los gatos tenemos una enzima, es decir, una proteína que acelera reacciones químicas, llamada tirosinasa. Contribuye a producir la melanina, el pigmento responsable de las manchas oscuras que aparecen en la piel. Pues bien, en el caso de los siameses esta enzima no se encuentra activa cuando su temperatura corporal es normal, sobre los 37 °C, de ahí que el color predominante de su piel sea claro. Sin embargo, cuando baja la temperatura, la tirosinasa se activa y se desencadenan una serie de reacciones enzimáticas y químicas que dan lugar a la melanina, oscureciéndoles la piel. Por eso, cuando hace calor, el gato siamés presenta más superficie blanca y, cuando refresca, presenta más zonas de color oscuro.

—¿Y por qué las patas, las orejas y la nariz de los siameses son más oscuras que el resto de su cuerpo?

—Humano, no te enteras. Esas zonas tienen una mayor superficie de contacto y, por tanto, pierden calor más rápidamente que el torso o la espalda. Eso sí, esta desnaturalización es reversible, de modo que, si la temperatura baja de los 34 °C, la tirosinasa se activa y se produce melanina. En ese momento, el pelaje se torna negro. Este proceso solo ocurre con los siameses. Esta raza de gato contiene una mutación en el ADN que, entre otras cosas, provoca que su enzima tirosinasa sea mucho más sensible a la temperatura que la presente en otros gatos.

—Por cierto, ¿cómo te llamas? —quise saber.

—Feli. Mis padres eran amantes de la exploración espacial y me pusieron este nombre en honor de Félicette, la primera gata que fue enviada al espacio. Lo hizo el Gobierno francés en 1963.

—No tenía ni idea de que hubo una gata astronauta.

—El uso de gatos en experimentos científicos es bien conocido. Nuestros enemigos los ratones se utilizan mucho en el estudio de mecanismos bioquímicos básicos. Sin embargo, cuando hay que analizar la complejidad neuronal, los científicos recurren a los felinos porque tenemos sistemas sensoriales muy desarrollados, así que representamos un buen modelo para estudiar determinados procesos neurológicos. Cuando escuches que un laboratorio ha desarrollado una terapia contra algún tipo de ceguera, muy probablemente habrá utilizado gatos en su investigación. Sin embargo, enviar a Félicette al espacio fue una ocurrencia del general Charles de Gaulle para demostrar, en plena Guerra Fría, que Francia no era menos que Estados Unidos o Rusia, las dos grandes potencias espaciales en ese momento.

—¿Cómo escogieron a Félicette para volar al espacio?

—Aquello fue tremendo. Los franceses seleccionaron a catorce gatos y los sometieron a todo tipo de pruebas (cámaras de vacío, centrífugas, insoportables ruidos, vibraciones...) para ver cuál soportaría mejor las duras exigencias de un vuelo espacial. Solo cuatro pasaron las difíciles pruebas y se decidió que Félix, recogido de las calles de París por el dueño de una tienda de animales antes de ser adquirido por el Gobierno francés, sería el que viajara al espacio. El lanzamiento estaba previsto para el 18 de octubre de 1963. Sin embargo, en los momentos previos, el inteligente Félix se escapó. Su suplente, Félicette, fue la que finalmente entró en la nave espacial. La situaron en un pequeño contenedor diseñado especialmente y le colocaron un electrodo en el cráneo para recoger datos (algo que no fue bien visto por parte de ciertos colectivos). Pocos minutos después de las ocho de la mañana, despegó desde la base militar de Hammaguir, situada en el Sahara argelino, a bordo del cohete Véronique AGI47. La nave alcanzó una altura de 156 km y Félicette pudo disfrutar de cinco minutos de ingravidez en su pequeño contenedor. Trece minutos después del despegue, la gata volvió a tierra sana y salva, aunque algo magullada. La telemetría mostró que el animal había experimentado hasta

9,5 *g* durante el ascenso y 7 *g* en el regreso a la Tierra. Los franceses se dieron por satisfechos y Félicette, la gata a la que debo mi nombre, se convirtió en una estrella gracias a la campaña mediática que hizo el Gobierno francés.

—Perdona la indiscreción, ¿qué edad tienes?

GATOS RETATARABUELOS

La esperanza de vida de los gatos ronda los dieciséis años, pero depende de muchos factores como la raza, el tamaño y, en el caso de los domésticos, los cuidados que les den sus dueños. La alimentación, junto a la atención médica y las comodidades, aumentan su esperanza de vida, aunque al mismo tiempo se enfrentan a numerosas enfermedades emergentes, como el sobrepeso, provocadas por los hábitos de los humanos y sus formas de vida.

Rubble, un gato doméstico de Exeter, en Inglaterra, cumplió 31 años en mayo de 2019, una edad equivalente a 141 años humanos, y se convirtió en el gato vivo más viejo del mundo en ese momento. Lo sigue Scooter, un siamés nacido en Texas en 1986 y que vivió 30 años y 1 mes. Pero los gatos más viejos conocidos han sido dos vecinos de Scooter: Creme Puff (38 años, unos 173 años humanos) y Granpa (34 años). De todas formas, son casos excepcionales.

—Para un gato lo más importante no es la edad exacta que tengamos en cada momento, sino que los humanos sepáis la etapa de la vida en la que nos encontremos. Nosotros nos dividimos en cachorros (desde que nacemos hasta que llegamos a la madurez sexual); júniors (cuando ya somos sexualmente maduros pero aún seguimos creciendo); adultos (cuando hemos alcanzado la madurez física y aún somos jóvenes); maduros (entre la mitad y los tres cuartos de nuestra esperanza de vida);

séniors (en los últimos años de nuestra esperanza de vida), y geriátricos (gatos ancianos que han superado la media de nuestra esperanza de vida). No te diré exactamente los años que tengo, pero sí que soy un cachorro. Y si lo que me estás queriendo preguntar es si voy a morir pronto, te aseguro que no.

—¿Por qué no sales de esa caja de cartón donde te ha dejado Baltasar?

—El estrés que siento al estar en tu casa por primera vez se reduce gracias a las endorfinas que se generan al rozar mi piel las paredes de esta caja. Lo mismo me ocurría cuando me acurrucaba junto a mi madre y mi piel tocaba su pelaje. A mis amigos los cerdos les ocurre igual. Las crías de cerdo liberan, en circunstancias parecidas, una molécula llamada naltrexona que tiene propiedades antiinflamatorias y neuroprotectoras. Así que saldré de la caja cuando os pierda el miedo.

Feli me miró con cara de pocos amigos. No quería dar su pata a torcer, pero tenía muchísima sed y, muy despacio, se acercó al vaso que había puesto a mi lado y comenzó a beber. Cuando acabó de beber, comenzó a lamerse el cuerpo. A mí no se me ocurriría hacerlo, y menos en público, así que decidí preguntarle la razón.

SIN DERRAMAR NI UNA SOLA GOTA

Cuando beben, y lo hacen muy rápido, los gatos no derraman una gota. Unos científicos del Instituto de Tecnología de Massachusetts en Cambridge (Estados Unidos) encontraron la respuesta en una disciplina científica, la fluidodinámica. Grabaron con imágenes de alta velocidad la forma de beber agua de gatos, leones y tigres. Incluso diseñaron un modelo que predice la frecuencia de los lametazos de un felino en función de su masa corporal.

Según estos investigadores, los gatos emplean un sofisticado sistema basado en el equilibrio de dos fuerzas físicas: la gravedad y la inercia del fluido. Para eso, lo primero que hacen es curvar la lengua ligeramente hacia atrás en forma de J. Luego, acercan solo la punta de la lengua al agua, sin sumergirla, y rápidamente la pliegan a toda velocidad arrastrando una buena cantidad de líquido hacia arriba. Al tocar la superficie líquida, se forma una columna de agua que sube por inercia, y cuando tienen toda el agua dentro de la boca, cierran la mandíbula antes de que el líquido caiga por acción de la gravedad. La gran velocidad a la que actúa su lengua (casi 1 m/s) y el tamaño de su boca son claves a la hora de optimizar la cantidad de agua que ingieren en cada lametazo.

En cambio los perros, aunque en algunos casos beben agua usando también la J, habitualmente lo suelen hacer a «cucharadas», poniendo la lengua de manera que se forme una concavidad y, una vez llena de agua, la llevan hasta su boca. Por eso se mojan el hocico y los labios al beber. Otros animales como los caballos, los cerdos y los rumiantes beben por succión.

—Los gatos —me explicó Feli— empleamos los lametazos para refrescarnos y limpiarnos. Tenemos en la lengua una serie de espinas curvadas en la misma dirección, las papilas, con las que nos rascamos la piel. En la punta de esas papilas hay unas cavidades huecas en forma de U donde almacenamos la saliva. Mediante técnicas de tomografía computarizada, unos científicos observaron que cada una de ellas puede almacenar hasta 4,1 µl de saliva, la cual usamos para lavarnos y refrescarnos. Estos resultados, además de explicar nuestra forma de comportarnos, también tienen utilidad para vosotros, los humanos. Basándose en sus resultados, los científicos han diseñado un cepillo para gatos inspirado en nuestra lengua que es más efectivo que los tradicionales a la hora de nuestras lociones, administrarnos medicamentos o desprender el pelo sobrante.

—Si los gatos sois tan listos —pregunté con cierta malicia—, ¿por qué dicen que los perros son más inteligentes que vosotros?

—¡Eso no está demostrado y hay mucha controversia! —replicó Feli enojada.

—¡Tienes un ojo de cada color! —exclamé para cambiar de tema.

—Se debe a una anomalía, la heterocromía. Aunque puede afectar a la piel o al cabello, lo más frecuente es que haga que el color de los dos iris sea diferente. En mi caso tengo un ojo totalmente marrón y otro completamente verde. Es lo que se conoce como heterocromía total. Hay gatos con heterocromía parcial que solo tienen una sección del iris distinta al resto en ambos ojos. La heterocromía ocurre cuando una persona o un individuo de otra especie animal tiene demasiada o muy poca melanina en el cuerpo. Por eso hay más casos entre los gatos blancos que entre los negros. Lo más habitual es que su origen sea genético, pero también puede manifestarse debido a la aparición de una enfermedad o lesión, en cuyo caso se considera que la heterocromía es adquirida, aunque es poco frecuente entre nosotros. Pero no pienses que la heterocromía es exclusiva de los gatos. Los humanos también podéis tener un iris de cada color, aunque se estima que esta anomalía afecta solo al 1 % de la población.

—Uno de mis cantantes favoritos, David Bowie, tenía heterocromía.

—¿De qué hablas? Bowie, un gran amante de los gatos, tenía anisocoria, otra anomalía de la vista producida por una contracción (miosis) o una dilatación (midriasis) de las pupilas. En realidad, sus ojos no tenían un color diferente, sino que la pupila de su ojo izquierdo estaba permanentemente dilatada como consecuencia de un golpe que recibió cuando era joven. Pero la anisocoria no siempre es traumática, puesto que una de cada cinco personas nace con anisocoria fisiológica. En la mayoría de los afectados, la diferencia en el diámetro de la pupila es inferior a 0,5 mm, por lo que no se suele distinguir a simple vista y no tiene efectos negativos sobre su salud visual. Hablando de salud, ¿aquí cuándo se come?

—Lo siento, no tenemos comida especial para gatas. Esta tarde iremos a por ella.

—No te compliques la vida. Los gatos somos carnívoros. Nuestra salud nutricional depende, sobre todo, de la ingesta de grasa y proteínas. Por eso nos encanta comer pequeños roedores, reptiles o pájaros de diversa condición. ¿Tienes alguno por ahí? Da igual, tengo hambre, buscaré algo por la casa.

Cuando regresó, saciada su hambre, seguimos nuestra charla. Al poco, la gata empezó a maullar, a corretear de un lado para otro y, por último, se subió a un armario. Extrañado, quise saber qué le ocurría.

—La culpa es de la planta que le dejó tu hija al camello de Baltasar, suerte que el animal no la probó. Como estaba muerta de hambre, me la he comido entera sin pensar que era *Nepeta cataria*.

—¿De qué hablas? —pregunté extrañado.

—Vaya científico... La *Nepeta cataria* es una planta de la familia de la menta típica de Europa, Asia occidental y Norteamérica. También se la conoce como hierba de los gatos o menta gatuna, y en el pasado se empleaba para tratar las picaduras de escorpión. Cuando algunos gatos, no todos, la mordemos, nos ponemos eufóricos, posteriormente agresivos y, finalmente, entramos en éxtasis y vemos alucinaciones. La culpa la tiene la nepetalactona, una molécula de la familia de los terpenos, que fue descubierta en 1941 y se utiliza para elaborar aceites esenciales y compuestos farmacológicos. Al mordisquear la planta, se libera la nepetalactona. En ese momento, el terpeno interactúa con mi epitelio olfativo y comienza la fiesta. Eso sí, aunque sus efectos son evidentes, queda mucho por investigar acerca del mecanismo concreto de actuación de este terpeno. Además, este compuesto orgánico también está presente en la madera de la madreselva tartárica (*Lonicera tatarica*), que se utiliza a menudo para confeccionar los juguetes que los humanos nos compráis a los gatos para que nos divirtamos.

—¿Ese compuesto tiene alguna utilidad para los humanos?

—Puede abrir nuevos caminos en la investigación contra el cáncer. A diferencia de otros terpenos cuya síntesis se produce en un solo paso, en la de la nepetalactona intervienen dos pasos catalizados por dos enzimas distintas. La primera de ellas activa un compuesto precursor que luego es empleado por una segunda enzima para producir la nepetalactona. Este proceso de dos pasos puede ser similar al que se emplea en la síntesis de principios activos, como la vincristina y la vinblastina, dos moléculas utilizadas en tratamientos contra el cáncer. De modo que sí, estudiar la menta gatuna, además de facilitar la comprensión de la conducta de los gatos, os puede ayudar a los humanos a sintetizar productos químicos beneficiosos para vuestra salud.

De repente ocurrió lo que se veía venir. En su delirio, Feli resbaló y se precipitó desde lo alto del armario. Pegué un grito y cerré los ojos. Cuando los abrí, Feli estaba indemne, mirándome desde el suelo con una sonrisa picarona en su cara.

GATOS 7-HUMANOS 1

Los gatos son capaces de girarse mientras caen de espaldas desde una cierta altura y aterrizar de pie, por lo que, según el dicho, tienen siete vidas. Si un humano cayera del mismo modo, tendría muy difícil dar la vuelta debido a la ley de conservación del momento angular. Los humanos, al caer, lo hacemos como un cuerpo casi rígido y no tenemos fácil girar sobre nuestro propio eje. Por eso nuestra caída es descontrolada y solemos golpear el suelo con zonas tan sensibles como la cabeza o el tórax... y la palmamos.

—¿Cómo has logrado aterrizar sin matarte?

—Cuando he resbalado y he comenzado a caer, mi oído se ha dado cuenta de que algo raro pasaba. Mi cabeza no estaba orientada de la forma correcta y había que solucionar el problema. En ese momento, el sistema vestibular de mi oído ha mandado una señal a mi cuello, que rápidamente ha corregido la posición de la cabeza. En primer lugar, he arqueado la columna vertebral mientras estiraba las patas traseras y recogía las delanteras. Así he logrado crear una pequeña velocidad angular de la parte trasera de mi cuerpo. Como consecuencia, y por la ley de conservación del momento angular, se ha creado el mismo momento angular en la parte delantera de mi cuerpo. Por ello he retraído las patas traseras y he estirado las delanteras, lo que ha provocado que mi cuerpo rote alrededor de la columna vertebral. A todo este proceso también ayuda que nuestra columna vertebral, la de los gatos, sea muy flexible, gracias a que tiene más vértebras que la de los humanos.

—Desde luego, el aterrizaje ha sido sorprendente.

—He amortiguado el golpe recurriendo al «efecto paracaídas», que justifica que aún siga viva tras el golpetazo.

GATOS PARACAIDISTAS

Al igual que hacen los paracaidistas cuando flexionan los músculos y las caderas justo antes de tocar tierra, los gatos flexionan las patas al «aterrizar». De este modo, la fuerza del choque se disipa en gran medida en los tejidos blandos sin que se rompan ningún hueso, ya que sus patas anteriores, además de ser muy musculosas, no están unidas al tronco mediante un hueso clavicular. Todo se mantiene unido por ligamentos y músculos, permitiendo al hombro mayor libertad de movimientos. Además, con el fin de facilitar dicho aterrizaje, no solo extienden las garras para evitar resbalones, sino que también arquean la columna, de modo que aumenta la fricción con el aire y se reduce la velocidad de caída a la mitad que la del cuerpo de un humano.

Feli y yo seguimos hablando de nuestras cosas. De repente, la gata me hizo una confesión.

—Quiero decirte algo, y está relacionado con Pelón, tu añorado gato del que he oído mucho hablar. No sé si alguna vez has oído hablar del macaco (o mono) Rhesus (*Macaca mulatta*). Esta especie de primate catarrino, de la familia *Cercopithecidae*, es una de las más conocidas del Viejo Mundo. El mono Rhesus fue el tercer primate cuyo genoma se secuenció completamente tras el humano y el del chimpancé. Durante casi dos años, 170 investigadores de 35 instituciones de varios países trabajaron para establecer su secuencia genética total y demostraron que es idéntica en un 97,5 % a la humana, casi tanto como la del chimpancé, que es igual en más del 98 %. El interés por estudiar el genoma del macaco Rhesus no residía únicamente en compararlo con el de los demás primates, sino también en mejorar la investigación en muchas áreas de la medicina, como las neurociencias, la endocrinología y la cardiovascular. Se ha descubierto que los macacos Rhesus tienen la capacidad, a través un factor de restricción, de bloquear el ataque del sida felino. Este factor de restricción desactiva la cubierta externa del virus del sida cuando trata de invadir una célula del macaco Rhesus, y así impide que la infecte. Pues bien, unos investigadores estadounidenses aislaron en un primate el gen que da lugar a dicho factor de transcripción y lo insertaron en unos ovocitos felinos que posteriormente fecundaron. Esta técnica, la transgénesis lentiviral dirigida a los gametos, ha demostrado ser muy efectiva y gracias a ella nací yo.

—O sea, que tú no puedes...

—Exacto. Como estás pensando, gracias a este proceso yo no puedo ser infectada por el virus del sida felino que acabó con la vida de tu gato. Tengo el gen del macaco que da lugar al factor de transcripción que lo resiste. Y cuando alguna vez sea madre, mis gatitos producirán por sí mismos las proteínas que resisten el ataque del virus, lo que significará que los genes insertados se mantienen activos en generaciones sucesivas. Además, esta nueva tecnología puede ayudar en el futuro a investigar nuevas terapias contra el virus del sida humano y otras enfermedades.

—¡Eres una gata transgénica! Me alegro de que no te pueda pasar lo mismo que a Pelón. Pero necesito preguntarte otra cosa: ¿por qué emites fluorescencia de color verde?

—Porque soy una gata doblemente transgénica. Además de insertarme un gen procedente de un macaco, me transfirieron otro gen procedente de una medusa, que es el que me proporciona la fluorescencia que tú has visto. En realidad soy una gata-mono-medusa. Para conocer el origen de mi color verde hay que remontarse a principios de la década de 1960, cuando el científico japonés Osamu Shimomura se empeñó en conocer de dónde procedía el color verde que emitía la medusa *Aequorea victoria* presente en las costas occidentales de Norteamérica. Hasta entonces, mucha gente se quedaba maravillada con el espectáculo de luz que proporcionaban las colonias de esta medusa, pero nadie sabía la causa real del fenómeno. Con muchos esfuerzos, y tras analizar 10.000 ejemplares, Shimomura aisló una proteína fluorescente dependiente del calcio y, en honor a la medusa con la que trabajaba, la llamó aequorina. Pero se llevó un chasco: la aequorina emitía luz de color azul, por lo que no podía ser responsable del color verde que producía la medusa. Tras hacer nuevos análisis, Shimomura se dio cuenta de que en esa medusa existía otra proteína que, al ser iluminada por luz azul, emitía una fluorescencia verdosa. Decidió llamarla proteína verde fluorescente (GFP, por sus siglas en inglés). Lo curioso es que las dos proteínas están totalmente conectadas. Para emitir fluorescencia verde, la medusa libera iones de calcio, que activan la emisión de luz azul por parte de la aequorina. La GFP, por su parte, absorbe la luz liberada por la primera y produce su característica luz verde. Enigma resuelto.

—¿Para qué puede servir a la humanidad la GFP?

—Para una infinidad de cosas. Shimomura demostró que, a diferencia de otras proteínas que emiten luz, la GFP no requiere ningún aditivo para fluorescer. Esta singular propiedad es uno de los factores que han hecho que esta proteína pasara de ser una curiosidad científica a convertirse en una poderosa herramienta extensamente utilizada en biología celular. Y aquí es donde aparece en escena Martin Chalfie. Este investigador estadounidense demostró que el gen que codifica la GFP puede ser extraído de la medusa *Aequorea victoria* e introducido en otros organismos vivos, unicelulares (como la bacteria intestinal *Escherichia coli*) o multicelulares (como el gusano *Caenorhabditis elegans*). Al introducir una molécula luminiscente en otros seres vivos, es posible seguir mediante técnicas ópticas distintos procesos que se producen en su organismo y que de otra forma serían difíciles de estudiar.

—¡Qué bien lo hicieron Shimomura y Chalfie! —exclamé entusiasmado.

—Espera, que aún falta por aparecer el tercer mosquetero de esa investigación, Roger Y. Tsien. Este científico estadounidense describió cómo se forma espontáneamente el fluoróforo de la GFP, contribuyó a la determinación de su estructura tridimensional y diseñó, gracias a la biotecnología, diversas variantes de la GFP y de otras proteínas fluorescentes, también aisladas de organismos marinos. Dichas variantes brillan incluso con mayor intensidad que la GFP y cubren una extensa gama de colores, casi tantos como los del arcoíris. Estas proteínas se introducen en cualquier organismo y, mediante la simple iluminación con la luz adecuada, se puede observar en el microscopio su localización o tráfico intracelular. Además, y a diferencia de otros métodos que deben emplear células muertas, el marcaje con proteínas fluorescentes permite realizar análisis en tiempo real y en células vivas. A la Real Academia de las Ciencias de Suecia le pareció tan maravillosa la acción conjunta de estos tres investigadores, que en 2008 los premió con el Nobel de Química por sus hallazgos, que han supuesto un vuelco no solo en la biología celular, sino también en muchas otras disciplinas científicas como la neurociencia o la investigación en torno al cáncer o el envejecimiento. ¿Te has enterado de qué tiene que ver todo lo que te he explicado con el sida felino?

—Si no me equivoco, la fluorescencia que emites, cuyo origen está en una proteína existente en una medusa, actúa como una bombilla que al iluminarse permite saber si el proceso de transferencia de los genes del macaco Rhesus ha sido correcto. De esta forma se puede saber si eres capaz de resistir la infección al virus del sida felino. ¿Es correcta mi hipótesis?

—Al final no vas a ser tan tonto como parecías...

10

TERROR EN EL HIPERMERCADO

Mi madre, Toñi, tiene un pequeño apartamento en la Dehesa de Campoamor. Últimamente no va mucho, pero esas Navidades había decidido pasarse a vernos. La mañana del 7 de enero, aun a sabiendas del mal rato que podía pasar a mi lado por mi fama de cazaetiquetas pseudocientíficas, me pidió que la acompañara al hipermercado. En muchos centros comerciales conocen mi obsesión por analizar etiquetas y no me lo ponen fácil. El personal de seguridad está atento y no me deja sacar fotografías de los productos para luego analizarlas. No hay problema. Compro el producto en cuestión, salgo, hago la correspondiente instantánea y, posteriormente, regreso para devolver lo comprado. Engorroso pero efectivo.

—Bueno, vamos a hacer la compra. Hijo, ¿quieres mirar algo en especial?

—Sí, mamá, la sección «Alimentos del Futuro». Está al final del hipermercado, así que, para llegar allí, tendremos que atravesar otras secciones.

Sección 1: Alimentos «sin»

La primera sección por la que pasamos estaba dedicada a los alimentos «sin». Mi madre, que me conoce bien, intentó que no me detuviera.

—Vayamos rápido y no mires la publicidad de esos alimentos «sin», no quiero que te sulfures. Además, la responsable de esta sección es mi amiga Flori, compañera del colegio, y no quiero enemistarme con ella a estas alturas por tu culpa.

—Hola, Toñi, ¿quieres llevarte unos potitos «sin pesticidas» para tu nieto pequeño? La seguridad alimentaria es importantísima para los bebés. Además, la empresa dice que ha diseñado un nuevo envase muy innovador... y todo sin subir el precio.

VIGILANCIA CONTINUADA

Según la FAO, un plaguicida o pesticida es «cualquier sustancia destinada a prevenir, destruir, atraer, repeler o combatir cualquier plaga, incluidas las especies indeseadas de plantas o animales, durante la producción, almacenamiento, transporte, distribución y elaboración de alimentos, productos agrícolas o alimentos para animales, o que pueda administrarse a los animales para combatir ectoparásitos».

Eso engloba las sustancias destinadas a utilizarse como reguladores del crecimiento de las plantas, defoliantes, desecantes, agentes para reducir la densidad de fruta o inhibidores de la germinación, y las sustancias aplicadas a los cultivos antes o después de la cosecha para proteger el producto contra el deterioro durante el almacenamiento y el transporte. Sin embargo, no se incluyen normalmente los fertilizantes, nutrientes de origen vegetal o animal, aditivos alimentarios y medicamentos para animales.

Si hay un tipo de sustancias cuya presencia en alimentos se examina año tras año en toda la UE por sus posibles riesgos, esos son los plaguicidas o pesticidas. Una prueba son los numerosos informes que la EFSA emite periódicamente sobre ellos y que pueden ser consultados en su página web.

—Perdonad que os interrumpa, pero no tienen sentido las campañas publicitarias que se basan en la ausencia de pesticidas en los alimentos y menos en los productos infantiles —comencé a explicar, mientras mi madre me miraba indignada, pero con un toque de preocupación—. Año tras año, se analizan en los países pertenecientes a la UE casi cien mil muestras de productos alimentarios en busca de casi mil plaguicidas diferentes. De acuerdo con los resultados que proporcionan los países comunitarios, se realizan análisis detallados de los niveles de pesticidas presentes en los productos alimentarios de consumo habitual, así como el riesgo de exposición que tienen los consumidores. Los datos recabados también sirven para identificar los productos fitosanitarios que se han utilizado, y aquellos alimentos que contenían trazas de plaguicidas por encima de los límites legales marcados por la UE.

Flori se quedó helada. No esperaba una reacción así del hijo de su amiga. Sin embargo, no se cortó a la hora de preguntar.

—¿Qué resultados se obtuvieron en esos análisis?

—Hasta el momento son claros. El porcentaje de alimentos que rebasan los límites de pesticidas permitidos supera ligeramente el 1 %. Y en el caso de los alimentos infantiles, esta cifra es aún menor. Además, la UE tiene un sistema de actuación rápido y contundente frente a aquellos pocos productos que no cumplen la legislación. Ante estos resultados, me parece lamentable que una empresa base su campaña publicitaria en la ausencia de pesticidas en los productos infantiles de su marca. De hecho, se me ocurren varias preguntas que los distribuidores de sus productos deberían hacerle a la empresa fabricante: ¿está insinuando que el resto de las marcas sí los contienen y son menos seguras?, ¿acaso el resto de los potitos de la misma marca que no pertenecen a la gama «Sin pesticidas» sí los llevan? Sería interesante que se aclararan estas dudas antes de seguir sembrando el miedo en el consumidor acerca de la presencia de pesticidas en alimentos infantiles. Y en cuanto a su envase, es tan innovador que cabe... justo la mitad de producto. Por tanto, no han mantenido el precio, sino que lo han duplicado.

—Vaya carácter —dijo Flori—. Olvidaos de los potitos sin pesticidas que cuestan el doble..., pero que sepáis que la gente los compra porque están dispuestos a gastarse lo que haga falta por la seguridad de sus hijos. Si es cierto lo que dices, las empresas de productos infantiles lo saben y no escatiman esfuerzos a la hora de diseñar eslóganes que atemorizan al consumidor, aprovechándose de que «el miedo vende». De todas formas, Toñi, algo tendrá que comer tu nieto. En esta zona tenemos la carne «sin antibióticos». ¿Os preparo unos solomillos para la cena?

—Pues...

Mi madre no pudo terminar la frase, porque la interrumpí al escuchar el disparate que había dicho Flori. Miró al cielo con desesperación y esperó con paciencia el segundo asalto. A veces creo que no me la merezco.

—¿Sin antibióticos? Los animales enferman y los antibióticos se emplean con fines terapéuticos. Puede tratarse de antibióticos metafilácticos, para tratar animales enfermos o en riesgo de padecer la enfermedad, o profilácticos, para prevenirla en animales sanos. Estos últimos son los más empleados. Eso sí, jamás se usan para engordar los animales y, desde 2006, tampoco se pueden usar como promotores del crecimiento. ¿Y estos antibióticos administrados por los veterinarios a los animales pueden transmitirse a la carne que nosotros ingerimos, de forma que afecte a nuestra salud? Aunque el riesgo cero no existe jamás, es prácticamente imposible. El tiempo de espera que transcurre desde que se aplica el antibiótico hasta que se sacrifica al animal es suficiente para que se metabolice todo el medicamento. Esto es controlado mediante análisis diarios que se hacen en los mataderos y, por supuesto, a través de la EFSA. Esta agencia publica informes anuales tanto sobre los residuos de medicamentos en animales como sobre los restos de plaguicidas en vegetales. A modo de ejemplo os diré que en 2016 se analizaron 123.000 muestras de alimentos de origen animal en busca de antibióticos, y solo el 0,18 % no cumplía los requisitos legales. Ese porcentaje es bajísimo, por lo que publicitar una carne «sin antibióticos» es una estrategia comercial hasta denunciable. ¿Acaso el resto de la carne de tu hipermercado sí los tiene?

La pregunta hizo pensar a Flori. Se dio cuenta de que utilizar como estrategia de venta que una carne no lleva antibióticos no solo era erróneo, sino que tiraba por tierra el resto de sus productos, e inmediatamente decidió que, a partir de ese mismo día, ya no publicitaría su carne con ese argumento.

USO RESPONSABLE DE LOS ANTIBIÓTICOS

Los antibióticos se convierten en un problema cuando no se emplean de la forma correcta, administrando dosis inapropiadas o no completando los tratamientos. En ese momento las bacterias más resistentes sobreviven y, posteriormente, transmiten esa capacidad a su descendencia, originando cepas inmunes a los antibióticos. Esas cepas (y no los antibióticos) son las que pueden dar lugar a problemas en humanos, a los que pueden llegar a través del contacto directo con los animales, de carne contaminada cruda o poco cocinada, o de otros alimentos contaminados con bacterias fecales. Pero no olvidemos que la resistencia a los antibióticos también la originamos los humanos con el uso indiscriminado y la automedicación. Por ello son tan necesarias las campañas para concienciar a la población del buen uso de los antibióticos.

—Oye, Flori —cortó mi madre para hacerme callar—, he leído en la puerta que este hipermercado se ha declarado «libre de aceite de palma». ¿Tienes galletas «sin aceite de palma» para los desayunos de mis nietos? Son más caras, pero la diferencia de precio merecerá la pena, porque supongo que serán mucho mas sanas que...

—No te equivoques, mamá —dije sin poder contenerme—. Las razones del uso del aceite de palma en los alimentos son, principalmente, dos. Por un lado, es una grasa muy barata y a la industria le interesa utilizarla. Por otra parte, tiene un perfil organoléptico nada desdeñable, ya que aporta una textura agradable a los alimentos en los que se emplea, es muy untuoso y se derrite fácilmente en la boca. Sin embargo, su aporte nutricional no es positivo y no se puede comparar al de otros aceites muchos más saludables como el de oliva virgen extra. Es cierto que es muy rico en grasas saturadas, como lo es que la ingesta de grandes cantidades de aceite de palma se asocia a enfermedades metabólicas. Pero no nos confundamos. La cantidad de aceite de palma que hay en los alimentos es muy baja, de modo que su efecto sobre la salud es prácticamente nulo.

UNA ALARMA PROVECHOSA PARA ALGUNOS

El gran problema nutricional relacionado con el aceite de palma reside en que los alimentos que lo contienen son, habitualmente, alimentos ultraprocesados que además poseen elevadas concentraciones de harinas refinadas, sal, grasas de mala calidad y azúcares. Por esta razón es absurdo eliminar el aceite de palma y sustituirlo por otro tipo de aceite si los alimentos siguen manteniendo esos ingredientes de mala calidad, porque nunca serán mas saludables. En definitiva, declarar vuestro hipermercado como «establecimiento libre de aceite de palma» no tiene mucho sentido desde el punto de vista nutricional.

El *boom* de productos «sin aceite de palma» se debe a dos razones. La primera es que, desde hace pocos años, es obligatorio que todos los productos que contengan aceite vegetal especifiquen qué tipo de aceite vegetal es el que emplean en su composición (girasol, palma, coco, oliva...). Anteriormente bastaba con indicar que se utilizaba «aceite vegetal» sin indicar el tipo y, como el término «vegetal» está bien visto por parte de la sociedad, nadie se ponía nervioso..., al contrario. Esta situación acabó con la aplicación de forma definitiva en 2014 del Reglamento Europeo 1169/2011 sobre la información alimentaria facilitada al consumidor, en el que se especifica que los aceites refinados de origen vegetal pueden agruparse en la lista de ingredientes con la designación «aceites vegetales», siempre que vayan seguidos inmediatamente por una lista en la que se indique el origen específico vegetal. Al poco tiempo de ponerse en marcha este reglamento, los consumidores empezaron a leer «aceite de palma» en las etiquetas de muchos alimentos y se dispararon las alarmas debido a su mala fama. La segunda razón que ha dado lugar a que aparezcan tantísimos productos «sin aceite de palma» es la información de la EFSA sobre la generación de varios agentes contaminantes durante el proceso de refinamiento de este producto.

La combinación de ambas razones (nuevo reglamento e informe de la EFSA) dio lugar a que mucha gente comenzase a hablar mal de él, hecho del que se aprovecharon muchas empresas para lanzar el eslogan «Sin aceite de palma». ¡Incluso pueden encontrarse botellas de agua mineral con esa etiqueta!

—Yo he leído algo sobre los peligros medioambientales del aceite de palma —comentó mi madre para participar en la conversación.

—Claro, mamá. Aunque desde el punto de vista nutricional la importancia del aceite de palma presente en los alimentos es escasa, su presencia en innumerables alimentos ultraprocesados y en otros subproductos como los biocombustibles está provocando un daño medioambiental irreparable. El aceite de palma se obtiene del mesocarpio (capa intermedia del pericarpio, esto es, la parte del fruto situada entre endocarpio y epicarpio) de la fruta de la palma (*Elaeis guineensis*), una planta originaria de África occidental, de donde pasó a América y, posteriormente, a Asia. Hoy en día, Malasia e Indonesia son los principales países productores de aceite de palma y sus derivados a nivel mundial. Pues bien, cada año, para la obtención de dichos derivados, principalmente aceite y biocombustible, se tala una extensión de selva tropical del tamaño de Austria, es decir, unos 84.000 km^2. Una barbaridad. Por otra parte, desde 1990 Indonesia ha perdido 310.000 km^2 de bosques. Para que os hagáis una idea, este país quemó en 2015 dos millones de hectáreas de selva para sembrar palma aceitera; es como si las llamas arrasaran Cantabria, el País Vasco y La Rioja. Incluso se calcula que en 2022 se habrá destruido el 98 % de los bosques de la isla de Borneo para aumentar las plantaciones de palma. Además de la evidente deforestación, estas prácticas tienen una incidencia notable sobre la biodiversidad vegetal y animal (los orangutanes que vivían en los bosques talados están a punto de desaparecer en determinadas zonas) y sobre la huella de carbono. Esto es insostenible y se considera uno de los mayores desastres ecológicos de la historia.

—¿Se está haciendo algo para solucionarlo? —preguntaron Flori y mi madre al unísono.

—Los principales organismos internacionales están tomando decisiones contundentes para frenar esta situación. Además de los fuertes movimientos de los grupos ecologistas, en 2018 el Parlamento Europeo aprobó una propuesta que congela los objetivos de impulso de los biocombustibles convencionales en los vehículos para el año 2030. Además, acordó prohibir específicamente el uso del aceite de palma en el biodiésel a partir de 2021. El prefijo *bio-* queda muy mono, pero lo de los biocombustibles, tal y como está concebido actualmente, es un desastre. Eso sí, un informe reciente de la Unión Internacional para la Conservación de la Naturaleza advierte que un boicot descontrolado al aceite de palma acabaría afectando a otras especies, ya que este debería ser reemplazado por otro aceite vegetal para satisfacer la demanda mundial, lo que podría empeorar la situación. Los cultivos de aceite de palma producen de cuatro a diez veces más cantidad de aceite por unidad de terreno que los de soja o colza, además de requerir muchos menos pesticidas y fertilizantes para su crecimiento. De hecho, el aceite de palma constituye el 35 % de todos los aceites de origen vegetal aunque solo ocupa el 10 % de la tierra asignada a cultivos oleaginosos. Hay que buscar soluciones sostenibles globales. Esperemos que se consigan... y pronto. En definitiva, dejémonos de asustar a la gente con los problemas nutricionales del aceite de palma y con ridículos eslóganes y centrémonos en lo realmente importante: el desastre ecológico que rodea a la palma.

Este tema había dejado cierta inquietud en mi madre, muy concienciada con el medio ambiente. Durante un buen rato continuamos con la compra, acompañados por Flori. Cuando íbamos a salir de la sección de alimentos «sin», mi madre me hizo frenar el carrito de nuevo.

—Flori, me gustaría saber si tienes leche «sin lactosa». No me he hecho ningún análisis, pero estoy segura de que soy intolerante.

—Por supuesto. Tenemos leches, flanes, yogures, batidos..., todo lo que quieras. Hay una zona dedicada a los productos sin lactosa en cada sección del hipermercado, aunque hace años no sabíamos ni lo que eran.

—¿Por qué pides leche sin lactosa, mamá? Si no te han diagnosticado intolerancia a este disacárido, ¿por qué despilfarras el dinero comprando caros productos «sin lactosa» que no necesitas? La lactosa es un azúcar formado por una molécula de glucosa y otra de galactosa que se encuentra en la leche, un alimento que, aunque no es imprescindible en nuestra dieta, sí es muy completo a pesar de las campañas que existen en contra de su consumo. Es cierto que hay personas que no pueden digerirla correctamente, ya que no son capaces de producir la suficiente lactasa, una enzima presente en nuestro organismo que nos permite hidrolizar la lactosa. Estas personas acumulan lactosa en el intestino, donde es fermentada por algunas de las bacterias que conforman la flora intestinal dando lugar a ácido láctico, dióxido de carbono e hidrógeno. Estos procesos dan lugar a una serie de procesos fisiológicos (irritación del intestino, aumento de la presión osmótica, incremento de la concentración de agua, etcétera) que provocan la aparición de diarreas, cólicos abdominales, náuseas, vómitos y otros efectos desagradables. Para estas personas los productos sin lactosa, que se consiguen añadiendo industrialmente a la leche original la enzima lactasa obtenida a partir de levaduras (como *Kluyveromyces fragilis* y *Kluyveromyces lactis*) y hongos (como *Aspergillus niger* y *Aspergillus oryzae*) sí son una buena (y necesaria) solución. Pero ahora viene la pregunta clave: ¿de verdad pensáis que el enorme despliegue comercial de productos sin lactosa que inunda las superficies comerciales está destinado solamente a las relativamente pocas personas a las que se les ha diagnosticado intolerancia a la lactosa? No, desde luego.

PUBLICIDAD IRRESPONSABLE

Las agresivas campañas comerciales han hecho creer que la lactosa es perjudicial para todo el mundo, y este mensaje no solamente no es cierto, sino que puede ser peligroso. Hay estudios recientes que muestran como el abuso de productos «sin lactosa» por parte de personas tolerantes a ella puede convertirlas en intolerantes al «desactivar» su capacidad de producir lactasa, con lo que digerirán mal la leche normal cuando la consuman.

—Ya que estamos hablando de la leche, ¿es un alimento imprescindible?

—En absoluto, Flori. Eso de que hay que consumir tres raciones de lácteos al día tampoco tiene sentido. Los nutrientes que aporta la leche puedes obtenerlos de muchas otras fuentes. Ni es un veneno ni es imprescindible, como tampoco lo es el desayuno. Dependerá de muchas cosas, como el tipo de actividad física que realices durante la mañana, la planificación de las restantes ingestas alimentarias, etcétera. Eso sí, si decides desayunar, olvídate de galletas, dulces, bollería o bebidas azucaradas. Mejora ese desayuno o bien te lo saltas hasta media mañana o la comida. ¡Desayunamos de pena y muchas veces es debido a la presencia en los hipermercados de una infinidad de productos poco o nada saludables destinados específicamente a ese momento del día!

—Entonces..., ¿no le intento vender a tu madre esta tarta hecha con cereales «sin gluten»?

—¡Floriiii! —exclamé casi hiperventilando.

Intenté calmarme y, de nuevo, me armé de paciencia para intentar que, de una vez por todas, el mensaje les quedara claro a ella y a mi madre: «Si no lo necesitas, ¿por qué lo consumes?».

—Estamos en el mismo caso que con los alimentos «sin lactosa» —contesté, ya más tranquilo—. Si mi madre fuese celíaca (solamente el 1 % de la población tiene esta enfermedad autoinmune), tuviera sensibilidad al gluten no celíaca (entre el 3 y el 7 % de la población mejora su salud, sin ser celíacas, al retirar el gluten de la dieta), padeciese dermatitis herpetiforme o sufriera ataxia por gluten (un trastorno neurológico autoinmune provocado por el gluten que ocasiona problemas motores), sí que tendría sentido. Afortunadamente, no es así, por lo que no tiene sentido que los consuma. Pero esto no tiene freno. Las agresivas campañas comerciales realizadas por una parte de la industria alimentaria han disparado considerablemente la venta de alimentos «sin gluten», incluso entre las personas que no tienen ningún problema con él. Pero tengo que deciros una cosa: el consumo abusivo de esos productos también tiene su riesgo. ¿Por qué? Porque el gluten es un conjunto de proteínas que está presente no solo en los cereales que lo contienen (trigo, cebada, centeno y sus variedades o híbridos, como la escanda, la espelta, el triticale o el kamut), sino también en muchos productos ultraprocesados que, además de gluten, llevan otros ingredientes nada saludables. Es un caso parecido al que os comenté de los alimentos «sin aceite de palma».

¡UN VERDADERO DESASTRE!

Aunque les quitemos el gluten a dulces, bollería, platos precocinados, etcétera, estos productos seguirán siendo muy insanos y contribuirán a la mala nutrición de la sociedad. En 2016 había en España unos 24 millones de personas adultas con exceso de peso, un 70 % de los hombres y el 50 % de las mujeres de más de 16 años. Si se mantiene la tendencia, en 2030 esta cifra se incrementará en unos 3 millones de personas. Los sobrecostes directos para el sistema sanitario de atender a estas personas pueden llegar a superar los 3.000 millones de euros en los próximos doce años.

—¿Y por qué se añade gluten a muchos alimentos ultraprocesados? —preguntó mi madre, de nuevo muy interesada por la información.

—Porque otorga propiedades viscoelásticas a la masa, lo que favorece la mezcla de ingredientes y da estabilidad al alimento, pues actúa como agente aglutinante, gelificante y emulgente. Todo esto complica muchísimo la calidad de vida del celíaco, ya que son muchos los problemas que se encuentran para evitar el gluten. Me refiero a la contaminación cruzada, a las dificultades a la hora de encontrar alimentos sin gluten en muchas superficies comerciales o, incluso, a las sorpresas desagradables que se lleva al consumir productos que tradicionalmente no llevan gluten, pero a los que se les ha añadido para facilitar su elaboración o mejorar sus características sensoriales. Por todo ello, aplaudamos el esfuerzo de la Federación de Asociaciones de Celíacos de España, que lucha por una correcta aplicación del etiquetado de los productos sin gluten. Actualmente, y según la legislación vigente, para que un alimento sea considerado «sin gluten» debe contener menos de 20 mg/kg o, en el caso de los «bajos en gluten», de 100 mg/kg. Mamá, mi conclusión es clara: como no te han diagnosticado ningún problema de salud asociado al gluten, no tiene sentido que compres alimentos etiquetados como «sin gluten». Y si alguna vez lo tienes, bastará con que sigas una dieta basada en productos frescos (verdura, frutas, hortalizas, legumbres, huevo, carne, pescado, marisco...) y cereales sin gluten como el arroz o el maíz.

—Visto lo visto, no pasaremos por la sección de los productos «sin conservantes» o «sin colorantes» —nos advirtió Flori—. Pero al fondo del pasillo tenemos nuestros productos estrella del mundo «sin»: los alimentos *detox*.

Mi madre no sabía dónde meterse. El día anterior, le había aconsejado tirar todos los alimentos *detox* que encontré en su casa: batidos, zumos, complementos alimenticios... Normalmente están formados por verdura, fruta y algunos componentes exóticos como jengibre o semillas de todo tipo. Sin embargo, respiró tranquila cuando me vio partirme de risa tras la propuesta de su amiga.

—Opino que los productos *detox* son una de las grandes estafas de la alimentación del siglo XXI. ¿De verdad crees que nuestro cuerpo va estar lleno de toxinas esperando que compremos un batido de espinacas, apio, pepino y té verde para depurarnos? Afortunadamente de eso ya se encarga nuestro cuerpo: hígado, riñones, piel, sistemas linfático y digestivo... Si aun así sigues teniendo un problema, déjate de chorradas detoxificantes y ve urgentemente al médico. Debes saber que los carísimos y modernos tratamientos depurativos basados en la ingesta de grandes cantidades de estos productos *detox* durante varios días pueden dar lugar a graves problemas de salud. La EFSA no solo no ha aprobado ninguna alegación saludable para el término *detox*, sino que ha alertado en varios informes recientes sobre el consumo abusivo de estos batidos «verdes». Su ingesta continuada incrementa la litiasis renal, da lugar a procesos de desmineralización y deficiencia de calcio y hierro, excede la ingesta de nitratos tolerada, tiene riesgo de contaminación microbiana en caso de una deficiente conservación... Menos detoxificarte, te pueden producir de todo. Además, ya se han dado casos de intoxicaciones por el uso de dietas *detox* basadas exclusivamente en el incremento desmedido del consumo de líquidos o del uso de ingredientes milagrosos (y peligrosos) como el carbón activo para depurar el organismo. No digo que cualquier compuesto *detox* tomado de manera aislada sea terriblemente perjudicial. En realidad son batidos o zumos de frutas y/o verduras sin más (aunque siempre es mucho más saludable comer una fruta fresca que un zumo, ya que este último tiene menos fibra y más azúcares libres). Lo que no tienen esos productos son las propiedades mágicas detoxificantes que se les atribuyen y, además, una alimentación basada solamente en planes *detox* puede ser muy peligrosa. ¿De dónde obtienes las grasas tan necesarias para la vida? ¿Y las proteínas? Claro que pierdes peso si solo bebes zumos..., pero luego lo recuperas muy rápidamente por culpa del «efecto rebote». Así que olvidaos de los productos *detox* aunque los promocionen vuestras actrices o modelos favoritas.

LA ESTAFA *DETOX*

Edzard Ernst, profesor emérito de Medicina en la Universidad de Exeter, escéptico y luchador incansable contra charlatanes y estafadores, denunció la moda *detox*:

> Que quede claro, existen dos tipos de desintoxicación: una es respetable y la otra no. La respetable se circunscribe al tratamiento médico de aquellas personas con algún tipo de adicción a las drogas [...]. El otro concepto es el que mantienen «secuestrado» algunos empresarios, curanderos y charlatanes a la hora de vender un tratamiento falso que supuestamente libera de toxinas el cuerpo de quienes se supone las han acumulado. Si el nivel de toxinas se elevara por encima de un valor tal que tu cuerpo no pudiera eliminarlas, lo más probable es que se falleciera en un periodo de tiempo más o menos corto, y que se necesitara de una intervención médica urgente. En un cuerpo sano, los riñones, el hígado, la piel, incluso los pulmones mantienen el cuerpo desintoxicado mientras hablamos. No existe el modo de mejorar algo que ya funciona correctamente en un organismo sano, y desde luego los tratamientos *detox* tampoco lo consiguen.[16]

[16] Extraído de Juan Revenga, «Dos conceptos para el término "detox": el válido y el absurdo», *El nutricionista de la General*, 9 de diciembre

—Y entonces, ¿por qué tantas empresas se empeñan en elaborar alimentos «sin»?

—Porque la mayoría de ellas conocen perfectamente que «el miedo vende» y el «por si acaso» se impone a la racionalidad. Además, los departamentos de *marketing* de algunas empresas son conscientes del bajo nivel científico de la sociedad española, que nos impide distinguir entre el rigor y la mentira, y se aprovechan de ello para encarecer sus productos y rodearlos de eslóganes apocalípticos sabiendo que los vamos a comprar, y más si son productos dirigidos a bebés o niños. Esa estrategia comercial es totalmente rechazable y, en su lugar, podrían presumir de la seguridad de sus alimentos y de la buena calidad de sus productos. Pero, como suele pasar, «la avaricia rompe el saco»...

—Bueno, me llevo a este energúmeno —me cortó mi madre. Flori respiró aliviada cuando nos vio alejarnos.

*

Antes de abandonar el mundo «sin», quiero recordar algo muy importante: aunque desde diversos flancos se infunde miedo constantemente a la población sobre los productos que consumimos, la alimentación actual es más segura que nunca..., lo que no significa que sea más saludable. Las modernas técnicas de elaboración y conservación de alimentos han reducido muy significativamente el número de intoxicaciones alimentarias. Muchas personas no estarán de acuerdo con lo que digo y recordarán casos concretos, algunos de ellos muy recientes, en los que todas las alertas alimentarias se dispararon. Pero mi respuesta es clara. Siempre habrá casos ais-

de 2014; disponible en <juanrevenga.com/2014/12/dos-conceptos-para-el-termino-detox-el-valido-y-el-absurdo>.

lados. El riesgo nunca es cero en materia de alimentación. Es absolutamente imposible saber si el consumo de un determinado alimento como, por ejemplo, un plátano, es absolutamente seguro. Lo que sí se puede asegurar es que, a día de hoy y con las evidencias científicas de las que disponemos, basadas en el conocimiento de la composición de los plátanos, en la fiabilidad de los controles a los que se los somete y en las consecuencias que ha tenido su consumo durante años, el consumo del plátano es seguro. A lo mejor algún día se descubre un nuevo ingrediente del plátano que sea perjudicial para toda la sociedad o para parte de ella, pero las pruebas indican que en la actualidad ese peligro no existe, por lo que debemos seguir consumiéndolos. Lo importante es seguir investigando y tener un buen sistema sanitario que detecte rápidamente una alerta alimentaria y sepa reaccionar a tiempo. Y, por suerte, en España tenemos ese sistema.

Sección 2: Alimentos «con»

La siguiente sección estaba dedicada a los alimentos «con», esos complementos alimenticios o alimentos funcionales a los que se les ha añadido algún ingrediente con diversos fines. Antes de adentrarnos en ella, mi madre me advirtió, muy seriamente, que no quería problemas con Agapito, su responsable.

—Tranquila, mamá. Hola, Agapito. ¿Tú sabías que ni en tu hipermercado ni en ningún otro existe un solo complemento alimenticio o alimento funcional que sea necesario en ausencia de patologías o dietas especiales? Es cierto que algunos suplementos de vitamina B12 son convenientes para dietas veganas u otras muy específicas, pero también es cierto que las empresas no producen estos absurdos productos solamente para gente en situaciones especiales.

—¡Toñi, cuánto tiempo! Y tú, tan simpático como siempre —me saludó Agapito mientras mi madre me fulminaba con la mirada—. ¿Y se puede saber cómo logran las empresas de alimentos funcionales confundirnos?

—Claro. Basándome en las Encuestas de Percepción Social de la Ciencia de la Fundación Española de Ciencia y Tecnología (Fecyt), dependiente del Ministerio de Ciencia, Innovación y Universidades, te daré tres datos muy claros. El primero de ellos es que la imagen social de la ciencia es cada vez mejor. El segundo, que la profesión de científico, después de la de médico, es la mejor valorada por los españoles. El tercero, sin embargo, no es tan positivo: un porcentaje muy amplio de la sociedad de este país tiene un nivel científico que no es el apropiado; de hecho, el 20 % de los españoles no distinguen una pseudoterapia de una terapia avalada por la ciencia.

Mi madre resopló desesperada, pero se volvió a despertar su vena curiosa:

—¿Y eso, hijo mío, qué tiene que ver con el lineal de productos de Agapito?

—Mucho. Los departamentos de *marketing* de la gran mayoría de las empresas de alimentos funcionales y complementos alimenticios se aprovechan de esos tres datos y envuelven los eslóganes de sus productos con palabrería científica que encanta al consumidor, pero que, debido a la incultura científica de este, no logra saber si es rigurosa o no. ¿No os habéis dado cuenta de que cada vez más se ven en televisión personas con batas blancas que anuncian productos o platós que simulan laboratorios o consultas médicas? Todo forma parte del *marketing* pseudocientífico, una estrategia torticera basada en la anticiencia para engañar al consumidor en productos de alimentación. Agapito, siento decirte que esto se aplica a casi todos los productos «con» de tu sección.

—Pues, hijo, a mí me han dicho que las isoflavonas de soja son útiles para la menopausia —intervino mi madre.

—Aún no está demostrado. Tampoco que la carnitina ayude a adelgazar, que el colágeno oral ayude a las articulaciones, que el *Lactobacillus casei* ayude a las defensas, que los péptidos bioactivos disminuyan la tensión arterial, que la taurina dé alas, que los suplementos de ácido hialurónico sean buenos para la piel y los huesos, que el triptófano presente en complementos ayude a superar bajos estados de ánimo, que los productos enriquecidos en calcio sean recomendables para prevenir la osteoporosis, que la fosfatidilserina ayude a la memoria... Podría estar toda la tarde citando ejemplos. Y no son opiniones mías, sino que lo dicen los informes oficiales de la EFSA y el Reglamento 1924/2006, relativo a las declaraciones nutricionales y de propiedades saludables en los alimentos. En el caso de que algún día se demuestre que esas propiedades son ciertas no habrá ningún problema en rectificar y permitir que haya productos que, gracias a integrar en su composición dichos ingredientes, vuelvan a emplear esos eslóganes pseudocientíficos. Pero, a día de hoy, nada de nada.

—O sea, que la ciencia está dispuesta a contradecir lo que ha afirmado anteriormente. Como eso de que se podrían tomar solo tres huevos a la semana, luego ninguno y ahora no hay problema en consumir uno diario.

—Exacto, mamá. La ciencia está sometida a continua revisión y, cuando las pruebas científicas actuales contradicen lo que se dijo en una época anterior donde había menos evidencias, los científicos no tenemos ningún inconveniente en rectificar. Pero eso no es un problema de la ciencia, sino una virtud. La ciencia nunca afirma tajantemente, siempre duda. No lo olvides.

—Todo eso está muy bien, chicos, pero tengo una duda —dijo Agapito, cuyo mundo «con» se tambaleaba ante sus propios ojos—. Si la reglamentación actual no deja atribuir ninguna propiedad al *Lactobacillus casei*, la carnitina, la taurina, las isoflavonas, etcétera, ¿por qué mi sección está llena de alimentos funcionales y complementos alimenticios en cuya publicidad se puede leer esas propiedades asociadas a dichos ingredientes?

—Por la «estrategia del asterisco», que insisto en explicar siempre que puedo, porque habría que erradicarla. En realidad, eslóganes como «ayudan al normal funcionamiento del sistema inmunitario», «mejoran la salud articular» o «contribuye al rendimiento intelectual» no están asociados al *Lactobacillus casei,* ni a la carnitina, ni a la fosfatidilserina ni a otros extravagantes ingredientes que se leen en letras grandes en los envases de carísimos productos..., sino a baratísimos micronutrientes muy presentes en la dieta diaria, que no nos hacen falta porque los ingerimos en cantidades suficientes y que aparecen en letra minúscula en la publicidad de esos alimentos funcionales y complementos alimenticios. Sin embargo, un resquicio legal de la legislación vigente permite a los publicitarios hacer auténticos malabares para seguir confundiendo, por no decir engañando, al consumidor.

—¿Me puedes poner como ejemplo algún producto de los que vendo en mi sección?

—Acabo de ver un producto lácteo en tu lineal que utiliza esta estrategia. Se vende en paquetes de seis botellitas y lo malo es que emplea la trampa del asterisco. Fijaos en el envase. Está recomendado para aquellas personas que tienen niveles ligeramente elevados de tensión arterial. Según el fabricante, gracias a la presencia de una bacteria, el *Lactobacillus helveticus,* capaz de «romper» la proteína de la leche y producir unos maravillosos péptidos bioactivos que ayudan a controlar la tensión arterial, basta con tomar una botellita diaria para que tu presión arterial se normalice en el plazo de 5 a 7 semanas. ¿Y cuál es el escándalo? Pues que no solo no hay evidencias científicas aprobadas oficialmente de que la adición de *Lactobacillus helveticus* a un producto lácteo dé lugar a unos maravillosos péptidos bioactivos con capacidad para regular la presión arterial, sino que la EFSA informó negativamente hace un tiempo acerca de la petición de una empresa alimentaria para poder comercializar una leche fermentada con este lactobacilo publicitando dichas propiedades. En otras palabras, la presencia de este microorganismo no añade ninguna propiedad a estos alimentos funcionales.

—¿Y cómo es posible que en su publicidad prometan reducir la presión arterial? —preguntó Agapito con el rostro desencajado.

—Porque, como ya os he comentado, las empresas han encontrado un resquicio legal para mantener estos productos en el mercado sin infringir la ley: añadirle una determinada cantidad de potasio. Según el Reglamento Europeo que regula la presencia de alegaciones saludables en la publicidad de alimentos funcionales, si un producto presenta cierta cantidad de potasio en su composición (habitualmente basta con un 15 % o incluso menos), puede anunciar, lleve o no péptidos bioactivos en su formulación, que «contribuye al mantenimiento de la tensión arterial normal». Además, también puede publicitar que «contribuye al funcionamiento normal del sistema nervioso» y al «funcionamiento normal de los músculos», pero nada de hablar de semanas de tratamiento, de mejorar patologías ni de cosas por el estilo. Lo mismo ocurre con otros carísimos productos que contienen extravagantes y costosísimos ingredientes. Al final, el único ingrediente útil es una vitamina o un mineral —concluí, mientras mi madre y Agapito pasaban del asombro inicial a la indignación—. Todo esto es legal, pero, desde mi punto de vista, es una de las mayores tomaduras de pelo que hay en el sector alimentario.

—¿Tan difícil es encontrar ese potasio en los alimentos que consumimos a diario que hay que recurrir a estos productos milagro?

—No, mamá. Según los últimos estudios nutricionales, la

deficiencia de potasio es muy rara en individuos con una dieta equilibrada y no hay necesidad alguna de consumirlo en circunstancias normales. Las legumbres como las judías blancas o los garbanzos; las hortalizas como el brócoli, la remolacha, la berenjena y la coliflor; las frutas como el plátano, las uvas, el albaricoque, el melocotón, las cerezas y las ciruelas; el germen de trigo; algunos frutos secos... Todos ellos son alimentos ricos en potasio. Y lo más curioso es que, observando las Encuestas de Ingesta Dietética, en España vamos sobrados de potasio, por lo que es ridículo suplementarnos con este mineral. Para hacer una comparativa nutricional y económica entre los alimentos ricos en potasio y estas leches fermentadas que venden en botellitas, vamos a tomar un aguacate, una fruta con un inmenso valor nutritivo por su contenido lipídico de gran calidad debido a su alta cantidad de grasas monoinsaturadas, su concentración muy elevada de fibra soluble, su importante concentración de vitaminas antioxidantes y otros importantes nutrientes. Aunque hay muchas variedades de aguacate (Bacon, Fuerte, Gwen, Hass, Pinkerton, Reed, Zutano, etcétera), las más comercializadas y conocidas pesan entre 150 y 350 g por unidad. Al poseer este alimento cerca de 500 mg de potasio por cada 100 g, y poniendo una media de 250 g de peso por unidad, podríamos establecer que cada aguacate tiene unos 1.250 mg de potasio, lo que cuadriplica los 300 mg de este mineral que hay en cada botellita de 65 ml de la dichosa leche fermentada.

Agapito no quería seguir preguntando allí dentro al ser empleado, pero mi madre continuó con su interrogatorio:

—¿Y cómo andan de precio estos productos milagrosos comparados con el aguacate?

—Se supone que, al tener cuatro veces menos potasio y no poseer las otras propiedades nutricionales de esta fruta exótica, tendrían que ser bastante más baratos, ¿no? Al contrario. Un paquete de seis botecitos cuesta unos 3,90 euros (unos

65 céntimos por unidad), mientras que un aguacate vale unos 55 céntimos, es decir, un 15 % menos.

El enfado de ambos iba en aumento, así que seguí hablando con la intención de animarlos un poco.

—La estrategia del asterisco que os acabo de describir está presente en todos los alimentos funcionales y complementos alimenticios de tu lineal, Agapito. El trinomio producto para bajar tensión (propiedad publicitada)/péptido bioactivo (no funciona)/potasio (sí funciona) se repite en una infinidad de productos.

COMPRUÉBALO CON TUS PROPIOS OJOS

Te dejo varios ejemplos de trinomios existentes en tu hipermercado habitual para que juegues a encontrarlos: sistema inmunitario-*L. Casei*-vitamina B6; memoria-fosfatidilserina-fósforo; huesos-colágeno-magnesio; piel-ácido hialurónico-vitamina C... Como os podréis imaginar, esto no solo tiene repercusiones sobre el bolsillo del consumidor o sobre su cultura científica, sino también sobre la investigación, el desarrollo y la innovación (la famosa I+D+i) de nuevos productos. ¿Qué empresario del sector alimentario va a invertir grandes sumas de dinero en una investigación seria y responsable si añadiendo el 15 % de un baratísimo micronutriente puede emplear los mismos eslóganes en sus envases que permite la estrategia del asterisco usada por la competencia? Pero voy más allá. Esta estrategia de los alimentos «con» pone en riesgo nuestra salud al estar basada en el nutricionismo, un peligroso concepto que solo se fija en los ingredientes individuales del alimento sin tener en cuenta la visión de este como suma de ingredientes, ni el conjunto de la dieta y sus interacciones, ni el papel de cada metabolismo individual.

—Empiezas a preocuparme —reconoció mi madre—. ¿A qué te refieres?

—Un alimento funcional, por la presencia de una cantidad ridícula e innecesaria de vitamina C, puede publicitar que contribuye al funcionamiento normal del sistema inmunitario, a la formación normal de colágeno para el funcionamiento normal de la piel, a disminuir el cansancio y la fatiga, a la formación normal de colágeno para el funcionamiento normal de los cartílagos, a la protección de las células frente al daño oxidativo, al funcionamiento normal del sistema nervioso y a mil cosas más. Pero, por otra parte, puede llevar hasta 75 g de azúcar, el triple de la cantidad que la OMS aconseja consumir como muchísimo al día por sus implicaciones sobre la obesidad, la caries, la diabetes y otras enfermedades. Hasta que no se cambie la legislación vigente en materia de alimentos funcionales y complementos alimenticios, nuestra economía doméstica, nuestra cultura científica, la inversión en I+D+i y, sobre todo, nuestra salud están en serio peligro.

Agapito alucinó al enterarse del entramado que rodea actualmente a los alimentos «con». Llevaba toda la vida recomendando estos productos a los consumidores creyendo firmemente en que su publicidad era blanca y transparente.

—Esto es un escándalo —comentó discretamente—. Te lo digo como empleado de este hipermercado, pero, sobre todo, como consumidor. Me parece un engaño en toda regla y no entiendo cómo la ley lo permite. Se ha puesto en marcha un proyecto llamado Nutriscore que pretende cambiar el etiquetado nutricional de los alimentos para que el consumidor no pueda ser confundido tan fácilmente, pero aún queda muchísimo camino por recorrer en este sentido. Por lo que me cuentas, son muchos los agentes implicados con intereses contrapuestos y la Administración pública debería rodearse de gente independiente que la aconseje para desarrollar proyectos como Nutriscore. De verdad, espero que la legislación cambie y que los consumidores puedan decidir lo que compran con conocimiento de causa y no basándose en estas sucias tretas. En caso contrario, el mundo de los alimentos funcionales seguirá siendo una tomadura de pelo. Y ahora, ¿por qué no pasáis al siguiente pasillo, el de los productos «naturales»? Allí encontraréis a Juana, la encargada de esa sección.

Sección 3: Alimentos «naturales»

Por nada del mundo me habría perdido una de las secciones más divertidas del hipermercado, llena de falsas creencias y mitos. Juana nos conocía bien a ambos (de hecho, aunque me considera algo tiquismiquis, me lee cada semana), así que se acercó y, tras saludarnos, comenzó a hablar con mi madre. Por una vez, intenté mantenerme callado.

—¿Quieres comprar algo de mi sección, Toñi? La tengo dividida en dos partes: alimentos ecológicos y suplementos de ingredientes naturales.

—Unos tomates ecológicos no me vendrán mal. Dicen que están llenos de vitaminas y, además, son más seguros que los convencionales.

—Mamá, es que me provocas... —salté, dejando de lado mis buenos propósitos—. ¿Alimentos ecológicos? Hay que recordar que solo lo son aquellos que se ajustan estrictamente al Reglamento Europeo 848/2018 sobre producción ecológica y etiquetado de los productos ecológicos. Y una lectura pausada de su contenido muestra que no hay motivos para pensar que esos alimentos ecológicos sean más nutritivos o más seguros que los convencionales, o que presenten mejor perfil sensorial u organoléptico. Respecto al valor nutricional, no existe ningún artículo científico serio que muestre que la ingesta de alimentos ecológicos mejora la salud del consumidor. Es cierto que algunos artículos reflejan una mayor concentración de determinados nutrientes en ciertos productos ecológicos, pero otros demuestran precisamente lo contrario. Incluso dentro de una misma manzana ecológica hay nutrientes, como los polifenoles, que pueden estar en mayor concentración que en la manzana convencional, pero también hay otros, como la fibra, que están en menor concentración. Sin embargo, no existe ningún estudio serio que demuestre lo que realmente le interesa al consumidor: que la salud de las personas que consumen una alimentación ecológica mejora por la ingesta de estos productos. Ni uno solo.

Juana no estaba dispuesta a que alguien pusiera en duda sus productos por mucho que la ciencia lo respalde.

—¡Una pera ecológica es más segura que una pera convencional! —sentenció sin pestañear.

—¿Por qué? Es cierto que el contenido en plaguicidas de los alimentos ecológicos está un poco por debajo del de los alimentos convencionales..., ¡pero es que ambos están lejísimos de los máximos niveles permitidos! Es decir, ni unos ni otros tienen riesgo sobre la salud. Eso sí, los ecológicos son más caros. Por todas estas razones, estoy de acuerdo con Bernard Url, director de la EFSA, en que «lo orgánico no es ni más seguro ni más nutritivo».

—Pero los alimentos ecológicos de mi sección están más buenos y huelen mejor...

—No, Juana. Mucha gente defiende que los productos ecológicos poseen un mejor perfil sensorial que los convencionales, es decir, que tienen mejor sabor y olor. No es cierto. Lo que no hay que confundir es el producto ecológico con el alimento de cercanía o de temporada. Estos últimos sí suelen tener mejor perfil organoléptico que un tomate ecológico que proceda de otro país, por mucho que cumpla la legislación vigente de productos ecológicos.

¿REALMENTE SON ECOLÓGICOS?

En el RE 848/2018 se menciona que, con los productos ecológicos, se pretende «contribuir a la protección del medio ambiente y del clima». ¿De verdad esto ocurre con productos ecológicos que se venden en España pero proceden de países muy lejanos? ¿Qué tipo de combustible consumen los camiones que los transportan hasta nuestro país recorriendo miles de kilómetros? ¿Tiene repercusión en la huella de carbono? ¿Y los plásticos que se utilizan en el embalaje de estos productos? Además, en este reglamento se habla de «fomentar los circuitos cortos de distribución y las producciones locales en los territorios de la Unión [Europea]». Entonces, ¿por qué están llenas las superficies comerciales de productos ecológicos elaborados a miles de kilómetros de distancia? Por otra parte, la normativa vigente apuesta por «contribuir sustancialmente a un medio ambiente no tóxico». Si es así, ¿por qué permite el uso del cobre dentro de los agentes químicos permitidos en la agricultura ecológica?

Tras constatar que no lograría vendernos alimentos «ecológicos», Juana decidió pasar al plan B.

—Supongo que no querrás ningún suplemento de ingredientes naturales, ¿verdad?

—Pues sí... Dame una caja de cada uno de estos complementos que vendes: cola de caballo, aceite de onagra, fucus, hipérico, garcinia cambogia, rusco, jalea real, ginseng, bayas de goji... —Juana no acababa de creer lo que oía—. Pero no creas que los compro para consumirlos, son para un taller teórico-práctico sobre la inutilidad de todos estos suplementos. En él, les explico a mis alumnos dónde está el truco que permite publicitar que tales productos sirven para algo, cuando no es cierto según los informes de la EFSA. Pero hay algo que quiero que quede claro: soy igual de crítico con los quimiofóbicos (aquellas personas que muestran un rechazo irracional por los ingredientes de naturaleza sintética) que con los naturofóbicos (las personas que presentan animadversión hacia los ingredientes de origen natural). Hay gente que está haciendo negocio a base de criticar los productos naturales, y tampoco estoy de acuerdo con ellos. El origen de un ingrediente, salvo rarísimas excepciones, no importa. Si un alimento está enriquecido en un principio activo, da igual que este se haya extraído de una planta o que se haya sintetizado en el laboratorio. Lo que realmente importa es la concentración de dicho principio activo, un dato que va a condicionar tanto su toxicidad como su efectividad. La toxicidad viene condicionada por la famosa frase «Todas las sustancias son venenos, no existe ninguna que no lo sea. La dosis diferencia un veneno de un remedio», pronunciada por el alquimista, médico y astrólogo suizo Theophrastus Philippus Aureolus Bombastus von Hohenheim, más conocido por Paracelso, allá por el siglo XVI. Esta sentencia es utilizada constantemente por muchos divulgadores científicos para explicar que la toxicidad de un compuesto químico, proceda de una planta natural o se sintetice químicamente en el laboratorio, depende de la cantidad en la que se ingiera y no de su origen. Si consumimos una cantidad de un compuesto químico por debajo de determinada dosis, los efectos sobre nuestra salud pueden no existir o incluso ser positivos. Sin embargo, si la ingesta supera dicho umbral, las consecuencias pueden llegar a ser nefastas.

—¿Y la concentración del principio activo también condiciona la efectividad?

—Exacto, Juana. Olvídate del origen natural o artificial para valorar si un principio activo es efectivo o no. Cuando la concentración de dicho principio sea inferior a un determinado valor umbral, no será efectivo. Sin embargo, cuando se supera dicha concentración, podrán apreciarse los efectos del principio activo. Esto sirve tanto para explicar la efectividad de un alimento funcional como para demostrar que los productos homeopáticos no sirven para nada. Tranquilas, hoy no toca hablar de homeopatía, ya lo hice días atrás cuando me encontré con la reina...

Mi madre no tenía ni idea de a qué reina me refería, pero respiró tranquila. Quería seguir teniendo amigos después de nuestra visita al hipermercado, y sabía que eso habría sido imposible si yo hablaba de homeopatía. Sin embargo, Juana volvió a abrir la caja de los truenos.

—Tengo un producto natural en mi sección que seguro que os gustará. En su envase se pueden leer eslóganes como «gracias a sus ingredientes naturales esta es la bebida energética perfecta» y «endulzado exclusivamente con miel y compuesto únicamente con ingredientes saludables y naturales». Y este es el mejor: «Es la primera bebida energética natural y sus ingredientes naturales la convierten en una de las mejores bebidas energéticas para el bienestar de la mente y del cuerpo».

Cuando mi madre escuchó las palabras «bebida energética», empezó a temblar. Sabe que llevo una lucha contra ellas desde hace muchos años. Incluso cuando nadie hablaba de ellas, yo las tenía ya en mi punto de mira. Y, como no podía ser de otra forma, exploté.

—¿En serio? ¡Madre mía, lo tiene todo! Esto de asociar estas bombas calóricas a «lo natural y lo saludable» es un disparate...

—Espera, que sigo. Su publicidad alaba los beneficios que otorga a sus consumidores en la práctica deportiva, para estudiar, para ir al trabajo..., y su eslogan preferido es: «Lo malo es mejor». Además, recurre a una estrategia publicitaria que sé que te va a encantar. Aúna en un solo producto lo que habéis visto en las dos secciones anteriores. Cumple el binomio «con/sin» de los alimentos funcionales. Por una parte, está enriquecida CON una serie de ingredientes que se supone que le dan un valor añadido; por otra, está formulada SIN otra serie de ingredientes que, según la empresa, podrían ser perjudiciales para la salud. ¿Por dónde empiezo a contarte?

—¿Te estás riendo de mí? —exclamó Juana—. ¿Alimentos funcionales «con/sin»? Empieza por los «sin». ¿Qué es lo que no lleva esta bebida energética que, supuestamente, podría ser malo?

—Taurina, un aminoácido. Dicen que es malísima, pero eso no es verdad. Pero lo que realmente me tiene en ascuas es por qué tienes esta bebida energética en tu sección de productos naturales. ¿Qué lleva en su composición?

UNA VERDAD (O UNA MENTIRA) A MEDIAS

La taurina no aporta ninguna propiedad saludable, por lo que enriquecer productos con ella es absurdo, pero tampoco su presencia es perjudicial. Solo es una estrategia del fabricante de esa bebida energética para meternos miedo sobre este ingrediente y que compremos su producto. Cuando una empresa emplea el eslogan «Sin taurina», manda el siguiente mensaje implícito al consumidor: «La taurina es perjudicial y nuestro producto es seguro porque no la lleva, a diferencia de otras marcas comerciales»... y esto no es cierto. La EFSA ha rechazado los beneficios de enriquecer alimentos con taurina, pero ha afirmado también que no hay riesgo por consumir alimentos funcionales ricos en taurina. Los niveles a los que se encuentra la taurina en estos productos están muy lejos de la dosis que puede dar lugar a algún tipo de problema sobre la salud. De hecho, nadie ha demostrado que sea carcinogénica —que cause cáncer—, teratogénica —que provoque defectos en el feto— o genotóxica —que dañe el material genético— o que produzca ningún tipo de problema sanitario.

—No hay nada más natural y saludable que la miel, la elaboran las abejitas..., y esta es la única bebida energética del mercado que lleva miel en su composición. Toñi, ¿quieres un pack de seis botellitas energéticas con miel y sin taurina?

—A mí no me mires..., esta es vuestra guerra.

—Escuchadme las dos —dije con cara muy seria—. Como todos sabemos, la miel tiene un origen natural, pero esto no justifica en absoluto muchas de las propiedades saludables que se le han atribuido. Una cosa es que te guste sensorialmente (a mí me pasa) o que incluso pueda tener efectos balsámicos sobre la tos... y otra muy diferente que se puedan justificar muchas de esas presuntas bondades. La EFSA hizo público un contundente informe en el que deja claro que no se ha establecido una relación de causa-efecto entre el consumo de miel y la mejora de la salud respiratoria a través de sus sustancias antioxidantes, el fortalecimiento del sistema inmune, la estimulación del metabolismo, la obtención de beneficios durante la menopausia, la mejora de la memoria, etcétera. Sí es cierto que la miel posee en su composición micronutrientes como el zinc, el hierro, la vitamina B o la vitamina C, pero su concentración es tan baja que tendrías que ingerir cantidades elevadísimas de miel para que esos minerales y vitaminas tuviesen algún efecto.

—¿Y qué ocurre si tomas grandes cantidades de miel? —quiso saber Juana, dispuesta a defender su sección con uñas y dientes.

—Pues que, por muy natural que sea su procedencia, tendrás un problema gordo debido a los azúcares que contiene: un 39 % de fructosa, un 31 % de glucosa y un 10 % de otros azúcares, mientras que el azúcar blanco está formado por sacarosa (un disacárido formado por la unión de fructosa y glucosa) casi al 100 %.

—¿Acaso los azúcares de la miel no son mejores que los del azúcar blanco de los sobrecillos?

—En absoluto. Tanto la miel como el azúcar común tienen un índice glucémico muy parecido, es decir, ambos alimentos hacen aumentar los niveles de glucosa en sangre casi a la misma velocidad.

—Pero el azúcar común es refinado, mientras que el de la miel no lo es —Juana comenzaba a demostrar interés.

—Efectivamente. Y en eso se basa la publicidad de esta bebida, en que su azúcar no es refinado, sino procedente de la miel. Pero da exactamente igual, porque lo que realmente importa es que tanto los azúcares refinados como los presentes en la miel son azúcares libres, precisamente aquellos cuyo consumo la OMS recomienda reducir. Ten en cuenta que la OMS considera azúcares libres tanto los añadidos (refinados o sin refinar) a los alimentos por los fabricantes, los cocineros o los consumidores, como los presentes de forma natural en los jarabes y zumos de fruta y... en la miel. Tanto para los adultos como para los niños, el consumo de azúcares libres se debería reducir a menos del 10 % de la ingesta calórica total. Y una reducción por debajo del 5 % produciría beneficios adicionales para la salud. Por ejemplo, un adulto que consuma 2.000 calorías diarias debería reducir a menos de 25 g el consumo de azúcares libres, lo que equivale a menos de 6 terrones de azúcar de 4 g o a una simple cucharada de miel.

—¿Me estás diciendo que la bebida energética utiliza la expresión «Sin azúcar refinado» pero no podría decir «Sin azúcares libres»?

—Exacto. El azúcar de la miel es igual de libre que el añadido (refinado o no)... e igual de poco saludable. Hablar en la publicidad de esa bebida energética endulzada con miel de «la peligrosa azúcar refinada», cuando la miel también tiene azúcares libres, es lamentable, al igual que su eslogan «sin agregados de productos químicos». En la información nutricional se lee que contiene 11 g de azúcar por 100 ml. Teniendo en cuenta que las latas son de 250 ml, la cuenta es clara: 27,5 g de azúcar por unidad. Con una sola lata de esta bebida, superas el azúcar libre que la OMS admite que se consuma en un solo día para una dieta de 2.000 calorías.

Juana tuvo que marcharse a atender sus obligaciones, momento que mi madre aprovechó para recordarme que llevábamos dos horas en el hipermercado y el carrito seguía vacío.

—¿No habíamos venido aquí para ver la sección de alimentos «del futuro»? —me dijo señalándome con un dedo—. Ahí la tienes, ya hemos llegado.

Sección 4: Alimentos «del futuro»

Sin más dilación, empujé el carrito para atravesar el tiempo y plantarnos en el futuro de la alimentación. En esta ocasión, el responsable de la sección era un viejo conocido mío, que se hizo famoso en su adolescencia por regresar al futuro gracias a la ayuda de un científico un tanto excéntrico que había convertido un automóvil en una máquina del tiempo. Se lo presenté a mi madre, que no acababa de estar muy convencida, y charlamos un rato.

—¿Queréis que os enseñe nuestra gama de alimentos del futuro? Los hemos llamado así aunque muchos de ellos ya se pueden adquirir. Otros, aún no. Pero no creáis que os hablo de bayas de goji, chlorella, quinoa, semillas de chía y otros productos que llaman absurdamente «superalimentos». Me refiero a otras cosas con más rigor científico y que no prometen tantísimos milagros. Empecemos por los insectos: grillos, larvas, cucarachas, gusanos, etcétera.

—Vámonos, hijo, me están dando arcadas —dijo mi madre intentando apartarse, pero yo no me moví, dispuesto a seguir escuchando.

—Una gran parte de la sociedad asocia los insectos a suciedad o enfermedades y ni se les pasa por la cabeza comerse a estos seres vivos. Sin embargo, lo primero que debo deciros es que los insectos pueden criar en ambientes perfectamente higiénicos y, cumpliendo con las normativas europeas de inocuidad alimentaria, no representan ningún peligro para la salud. Pero os entiendo. Es normal que lo primero que expreséis, al oír hablar de insectos comestibles, sea asco y rechazo.

LA COMIDA ES CULTURA

Esto es debido a que la aceptación de los alimentos no es solo un término relacionado con su valor nutricional, sino también el resultado de la interacción entre el alimento y el consumidor en un momento determinado. Por un lado, intervienen las características del alimento (composición química y nutritiva, estructura y propiedades físicas); por otro, las de cada consumidor (genéticas, de edad, estado fisiológico y psicológico); y, por último, las del entorno que lo rodea (hábitos familiares y geográficos, religión, educación, moda, precio o conveniencia de uso). Todas ellas influyen en su actitud en el momento de aceptar o rechazar un alimento. Por tanto, la consideración de un determinado producto como alimento tiene un marcado carácter cultural y esto podría explicar por qué algunas especies de animales (insectos, caracoles, ranas o perros) se consideran productos comestibles o no en distintas culturas.

—Sigues sin convencerme —se defendió mi madre—. A lo mejor, si me enseñas tus insectos...

—Imposible, aún no se pueden encontrar en las superficies comerciales. Os explico la situación acerca del consumo de insectos, porque mucha gente no lo tiene claro. Hasta hace poco, su comercialización en España estaba totalmente prohibida. Sin embargo, la entrada en vigor del Reglamento Europeo 2015/2283 relativo a los nuevos alimentos admite que los insectos enteros y/o sus partes puedan formar parte de las nuevas categorías de alimentos. Esto no quiere decir que esté permitido vender cualquier insecto, sino que las empresas ya pueden solicitar autorización a la UE para que se incluyan en la lista de nuevos alimentos. Una vez que los organismos pertinentes comprueben que dichas solicitudes cumplen lo que exige la legislación, incluido por supuesto todo lo relativo a la seguridad alimentaria de los insectos, se permitirá su autorización. No creáis que esos trámites son muy engorrosos. La EFSA considera que, en general, los riesgos de comer insectos son similares a los de cualquier otra fuente proteica, por lo que no parece ser que vayan a existir muchos problemas para su aprobación. Además, ese Reglamento abre una posibilidad para agilizar los trámites de autorización si se estima que los insectos evaluados se consideran alimentos tradicionales en terceros países. Para ello, deben haberse consumido sin problemas durante al menos veinticinco años dentro de la dieta habitual de un número significativo de personas. Y, como sabéis, los insectos se consumen desde hace muchos años en países no pertenecientes a la UE, principalmente de África, América, Asia y Oriente Medio.

—Sigo intrigada. ¿Qué propiedades aportan los insectos para que pensemos en que puedan formar parte de la dieta occidental?

—Según la FAO —respondió el antiguo viajero en el tiempo— hay varias razones principales por las que deberíamos comer insectos. La primera son los aspectos nutricionales. Los insectos son una buena fuente de nutrientes y una alternativa a alimentos básicos como el pollo, el cerdo, el vacuno e incluso el pescado.

EL VALOR NUTRITIVO DE LOS INSECTOS

En líneas generales, los insectos son una buena fuente de energía y proteína de alta calidad, cumplen con las necesidades de aminoácidos, tienen altas cantidades de ácidos grasos monoinsaturados y poliinsaturados y, además, son ricos en minerales (como cobre, hierro, magnesio, manganeso, fósforo, selenio y zinc) y vitaminas (riboflavina, ácido pantoténico, biotina y ácido fólico en ocasiones). Hay insectos cuyo contenido en proteínas es similar al de la carne «convencional» tanto en cantidad como en calidad, ya que contienen un altísimo porcentaje de aminoácidos esenciales.[17] Eso sí, este valor nutricional de los insectos depende no solamente de la especie, sino también del momento de la vida del insecto en que se coma o de la preparación culinaria a la que se someta. Además, estas proteínas tienen alta capacidad para formar geles, una propiedad tecnológica muy importante en la industria alimentaria.

—¿Hay más razones además de las nutricionales para consumir insectos? —pregunté.

—Sí, las medioambientales. Si tomamos como referencia los alimentos de origen animal, la producción de insectos ne-

[17] Liya Yi *et al.*, «Extraction and characterisation of protein fractions from five insect species», *Food Chemistry*, 141 (4), 2013, pp. 3341-3348.

cesita menos terreno y agua, produce menos cantidad de amonio y emisiones de metano, es eficaz a la hora de convertir los alimentos en proteína... A modo de ejemplo os diré que, según la FAO, los grillos necesitan doce veces menos alimento que las vacas, cuatro menos que las ovejas y la mitad que los cerdos o los pollos para obtener la misma cantidad de proteína. Desde mi humilde punto de vista, los beneficios medioambientales que aporta la inclusión de los insectos en la alimentación occidental son su mayor ventaja.

—¿Alguna razón más?

—También los factores económicos y sociales son importantes, Toñi. Los insectos como nueva fuente de alimentación pueden ser una oportunidad de desarrollo de algunas comunidades y una línea de negocio.

—¿Cuáles crees tú que serán los primeros que se autoricen?

—Actualmente se han documentado casi dos mil especies diferentes aptas para el consumo humano. Si yo tuviera que apostar, lo haría por la mosca, los gusanos de la harina, los gusanos de seda y los grillos. Además, no hace falta comerse los insectos de uno en uno, sino que pueden formar parte de harinas, salsas o sopas. Si os parece bien, os apunto en la lista para cuando estén autorizados.

—A mí me has convencido —repuse—, pero mi madre aún está en *shock*.

—Acompañadme. En esta otra zona tengo las algas y las medusas.

—Uffff... —Mi madre comenzaba a empalidecer.

—¿Por qué pones esa cara de asco? Las algas son muy empleadas en la gastronomía oriental y hoy en día, debido a la globalización, al auge de la comida japonesa y a la cada vez mayor disponibilidad de productos en las tiendas, se han hecho un hueco en las superficies comerciales españolas. Se venden tanto de forma individual como formando parte de zumos, barritas de proteínas, chips y otros alimentos. Su principal propiedad es que tienen una textura y un sabor especial que las hace ideales como ingrediente para nuevas preparaciones gastronómicas. Se emplean habitualmente en salsas, caldos, licuados, etcétera. De hecho, las estoy vendiendo muchísimo. Aunque no es oro todo lo que reluce en el mundo de las algas. Se ha escrito mucho acerca de sus bondades nutricionales y no todo es cierto. A modo de ejemplo os cuento que las algas son la principal fuente de DHA (un ácido graso omega-3) vegetal. Sin embargo, no es cierto que sean una buena fuente de vitamina B12 para los humanos (ni siquiera en el caso de la espirulina); tampoco son ricas en proteínas. (la *wakame* tiene apenas 3 g por cada 100 g, mientras que la nori posee el doble); ni resultan recomendables para curar la anemia (no son ricas en hierro). Además, su alto contenido en yodo puede resultar peligroso para las personas con problemas de tiroides o para niños y embarazadas. Así que mi opinión es que compréis las algas que os ofrezco en mi sección, pero sin buscar en ellas una solución a vuestras necesidades nutricionales, sino un complemento para vuestros gustos culinarios.

—Me has convencido —reconoció mi madre—. Pero de las medusas no quiero ni oír hablar.

—¿Cómo que no? En nuestras costas mediterráneas tenemos un grave problema con las medusas, y no solamente porque dificulten el baño de los que allí veraneamos. La proliferación en los últimos años de estos animales marinos pertenecientes al filo *Cnidaria*, más conocidos como celentéreos, se ha convertido en un problema para la pesca. Por ello la FAO ha recomendado desarrollar productos alimenticios a base de medusas para frenar su repentina aparición y el descenso de las poblaciones de peces observado en el Mediterráneo y el mar Negro. El consumo de medusas, que aparecieron hace unos 500 millones de años, no es nada nuevo en muchos países. Se consumen de forma habitual en China, Indonesia, Corea, Japón y Tailandia, países en los que forman parte de aperitivos, ensaladas o sopas. Las especies asiáticas se parecen bastante a algunos tipos de las que se encuentran en el Mediterráneo (cuerpo gelatinoso con forma de campana de la que cuelga un manubrio tubular, con la boca en el extremo inferior, a veces prolongado por largos tentáculos cargados con células urticantes), por lo que sería posible obtener medusas comestibles en aguas españolas. Yo las he probado y me encanta su sabor a mar y su textura suave y crujiente. Incluso hay restaurantes que en su menú tienen varias opciones: ensalada con medusa, ramallo de mar y *wakame*; rabo de toro con medusa de guarnición; tempura de medusa; licor de medusa...

—Ni loca.

—De acuerdo. Como sé que os encanta la ciencia, esta otra zona os gustará. Es la dedicada a la carne artificial o «carne de laboratorio». La primera vez que se supo de ella fue en 2013, cuando Mark Post, profesor de la Universidad de Maastricht, presentó la primera hamburguesa de carne de vacuno cultivada. Mucha gente creía que el profesor Post hablaría de un alimento parecido a la carne, con propiedades sensoriales y organolépticas similares, obtenido a partir de ingredientes como soja, garbanzos, quinoa, cebolla y otros vegetales. Se pensaba que presentaría un sucedáneo de carne de pollo o hamburguesas, productos que, aunque no se vendan masivamente, sí que constituyen un complemento en la alimentación de personas vegetarianas. Pero no. Se trataba de carne de vacuno. Pero ahí no quedó la cosa. Posteriormente una empresa estadounidense anunció que había elaborado la primera carne de pollo producida sin animales y que la lanzaría al mercado.

—¿Qué ventajas tiene? —me interesé, encantado con esta sección.

—Una de las grandes ventajas de esta hamburguesa artificial es que no hace falta sacrificar a los animales para su fabricación. La carne de laboratorio se obtiene a partir de células madre musculares que se extraen de vacas vivas mediante una biopsia. Una vez obtenidas estas células madre, se multiplican colocándolas en un medio de cultivo que contenga todos los nutrientes necesarios para su crecimiento. Para pequeñas porciones de carne, como es el caso de la hamburguesa, no se necesitan vasos sanguíneos, ya que el oxígeno y los nutrientes pueden entrar en el tejido de forma muy eficiente. Si se quisiera construir un tejido más grande, como un filete, se necesitaría crear algún sistema de vasos sanguíneos para poder llevar oxígeno y nutrientes a todas las capas del tejido. Luego, se le añade colágeno y, posteriormente, se lo somete a una estimulación eléctrica para obtener las fibras musculares. Por último, mezclan este músculo con grasa animal (también sintetizada en el laboratorio) e ingredientes para darle sabor y textura, como sal, huevo en polvo y miga de pan, y jugo de remolacha para conseguir el color rojo característico.

—¡Jugo de remolacha! Mi hija Ruth tendría que oír eso... ¿Y cuánto vale esa hamburguesa? —pregunté mientras mi madre miraba perpleja a nuestro interlocutor.

—Por ser tú, te la dejo en... 250.000 euros. Es broma, eso costó la investigación y el desarrollo de este prototipo de hamburguesa artificial que os estoy mostrando. Cuando la EFSA autorice su comercialización, la optimización del proceso hará que el precio ronde los 10 euros, aunque es posible que finalmente cuesten menos que una hamburguesa convencional.

BENEFICIOSA PARA LA SALUD Y PARA EL PLANETA

La carne artificial presenta muchas e importantes ventajas a las que conviene prestar atención: se reduce el número de animales sacrificados; contamina el medio ambiente veinte veces menos que la carne tradicional, ya que se reducen las emisiones de gases con efecto invernadero del ganado; consume menos recursos hídricos; y no se necesitan tierras cultivables para criar ganado. Pensad que en 2017 se produjeron 322 millones de toneladas de carne en todo el mundo y se espera que la demanda se incremente en los próximos años. La realidad es que ya hay un 33 % de las tierras cultivables en todo el mundo que se dedica a criar ganado. Desde el punto de vista de la salud, la carne artificial producirá menos toxiinfecciones alimentarias, al elaborarse en un entorno estéril y con menor resistencia a antibióticos. Además, tendrán menos grasa y esta será mucho más saludable que la que se emplea hoy en día en las hamburguesas que se sirven en los restaurantes de comida rápida.

—¿Y no presenta inconvenientes este tipo de carne artificial?

—Por supuesto que aún quedan cosas por mejorar, Toñi. Aún no se han alcanzado un color y sabor óptimos, y eso, aunque no influya en sus propiedades nutricionales o en su seguridad, sí puede tener efecto en la decisión de compra por parte de los consumidores. También hay que hacer más estudios sobre su estabilidad genética, la posible presencia de antibióticos en la carne artificial, la obtención de fuentes rentables de nutrientes y otros aspectos. Pero yo soy muy optimista...

—Vaya lección nos has dado. Ha sido la única sección del hipermercado que ha pasado el escéptico filtro de mi hijo.

—Gracias y hasta pronto. ¡Regreso al futuro a ver si hay más alimentos!

Antes de marcharnos, mi madre y yo «paseamos» por las restantes secciones del hipermercado y charlamos con sus respectivos responsables. Visitamos la de bollería y le recordamos a Mariano que la Comisión Europea acaba de aprobar el reglamento que limita a un 2 % la cantidad de grasas trans en los alimentos procesados en la UE; la de fiambres (por llamarlos de alguna forma), donde debatimos sobre su composición con Puri; la de vinos, en la que a Paco, natural de La Rioja, casi le da un patatús cuando le dije que era una chorrada eso de beber una copita de vino al día para el corazón; e incluso la de cosméticos, donde se lio parda con Marieta al tocar el tema de los parabenos.

—Vámonos ya, hijo. Llevamos aquí cuatro horas y solo hemos comprado una lechuga. Págala y salgamos de aquí. Pero lleva cuidado...

—¿Cuidado? ¿Por qué?

—He leído que nueve de cada diez comprobantes de la compra, aquellos en los que la tinta se borra con el paso del tiempo porque están elaborados con papel térmico, contienen bisfenol-A (BPA), un conocido disruptor endocrino que altera el equilibrio hormonal y conduce a enfermedades como malformaciones genitourinarias, infertilidad, obesidad y cáncer en órganos dependientes de las hormonas, como el de mama —me explicó mi madre, demostrando que mi interés por la ciencia no ha salido de la nada—. ¿Es eso cierto?

—¡Por favor! No vas a sufrir ninguna de esas enfermedades por tocar un papelito con BPA. Este producto químico se utiliza desde hace mucho tiempo como componente para la fabricación de plásticos que se usan tanto para hacer envases de alimentos como otros muchos objetos con los que, día a día, estamos en contacto: CD, DVD, cristales de gafas, faros de coches, cajones de frigoríficos, juguetes...

> **¡QUE NO TE METAN MIEDO!**
>
> La seguridad del BPA se ha evaluado en numerosas ocasiones. En la última reevaluación completa de sus riesgos realizada por la EFSA se concluía que esta sustancia no planteaba ningún riesgo para la salud humana, puesto que los niveles de exposición calculados se encontraban muy por debajo de la ingesta diaria tolerable establecida para todos los grupos de edad y poblaciones sensibles, como embarazadas y ancianos. Los expertos de la EFSA llegaron incluso a la conclusión de que, aun considerando todas las posibles fuentes de exposición al bisfenol-A (productos alimenticios, juguetes, polvo, cosméticos y papel térmico), no se superaría la ingesta diaria tolerable. El BPA es una de las sustancias más vigiladas de la historia y continuamente sufre reevaluaciones.

—¡Paga ya y cállate! E invítame a algo para que te perdone por el lío en que me has metido con mis amigos.

—Querida mamá, espero que me perdones —le dije sinceramente mientras tomábamos un aperitivo—, pero el fomento del escepticismo y el espíritu crítico ante los productos que nos rodean es necesario hoy en día más que nunca. Hay que luchar contra estas prácticas y denunciarlas públicamente, aun a sabiendas de que me expongo a represalias por parte de poderosos sectores. Pero la lucha contra el fraude no puede ser una lucha individual de toda la sociedad, sino que ha de ser colectiva. Cada uno de nosotros, en nuestros ámbitos profesionales, podemos engañar al resto de la sociedad, pero si nos sacan de nuestra área de conocimiento también podemos ser engañados. Yo entiendo algo de alimentación, pero no soy experto en mecánica, ni en telefonía, ni en nuevos materiales, ni en una infinidad de cosas más. ¿Qué ocurre cuando dejo mi coche en un taller? ¿Es de buena calidad el móvil que compré ayer? ¿Estoy pagando lo que vale realmente el traje que he comprado? El estafador no debe olvidar que también puede ser estafado. ¿Es esa la sociedad que queremos? ¿Una sociedad donde prevalezca el fraude? Yo no la deseo, y tampoco acepto que sea la sociedad donde crezca mi hija. Quiero una sociedad donde confiemos los unos en los otros y donde no exista la mentira ni el fraude. Y no conozco una mejor forma para empezar a crear esa sociedad que la divulgación del conocimiento, ya que una sociedad culta y preparada tomará las decisiones adecuadas para llevar a sus miembros, a todos y cada uno de nosotros, al sitio que merecen.

—Tienes razón. ¿Recuerdas que fui yo quien te pidió que me acompañaras? Lo hice sabiendo perfectamente lo que pasaría. Tenía ganas de reírme un rato, y eso siempre ocurre cuando se va contigo a un hipermercado...

—¡Serás maquiavélica! Te quiero, mamá. Por cierto, ¿te quedas a comer?

—No, gracias. Quiero descansar un poco de la ciencia... y de ti. Además, hoy vienen tus compañeros del grupo de investigación para intentar solucionar ese problema en el pie del que llevas días quejándote. Y prefiero no estar presente..., te van a trolear, que lo sepas.

11

EL MOSQUITO ASESINO Y LOS X-MEN

En el siglo XXI no se entienden las diferentes ramas de la ciencia como compartimentos estancos aislados unos de otros. Un ejemplo práctico de la importancia de la multidisciplinariedad y de la interdisciplinariedad ocurrió el 7 de enero tras almorzar con mi madre. Llevaba días con el tobillo hinchado y sentía un gran escozor que recorría toda mi pierna. El dolor por el picotazo que había sentido durante mi partido con el iracundo tenista comenzaba a ser insoportable. Estaba tan desesperado que acudí a mi equipo de expertos favorito: el grupo de investigación «Bioquímica y Biotecnología Enzimática» de la Universidad de Murcia, compuesto por químicos, biólogas, veterinarias, biotecnólogos, tecnólogas de alimentos, bioquímicos, farmacéuticas y microbiólogas, entre otros. Son... los X-Men de la ciencia.

Para atraerlos hasta la Dehesa de Campoamor, los invité a una degustación de productos murcianos. Esta reunión gastrocientífica, provocada por una picadura, acabó con una auténtica exhibición de cómo trabaja un grupo de investigación y con la publicación, en una importante revista, de uno de los mejores artículos científicos del grupo.

—Como jefe del grupo, quiero darte las gracias por invitarnos a comer. ¿Qué hay de aperitivo?

—De nada, Paco. A ver cómo os lo explico sin que os enfadéis. Hoy no nos hemos juntado solo para comer. En realidad, os he citado porque tengo un problema y solo vosotros, que sois el mejor equipo de investigación multidisciplinar que conozco, sabréis solucionarlo.

—¿Hablas en serio? Equipo, nos volvemos a casa —ordenó Paco, haciendo amago de levantarse.

—No, por favor. Aunque os he traído para trabajar, también he preparado unos sabrosos aperitivos.

—Vale, nos quedamos un rato. Sirve rápido y cuéntanos tu problema.

—Resulta que hace unos días, mientras jugaba al tenis, algo me picó en el tobillo. Al principio no le di importancia, pero la hinchazón y el escozor van a más. ¿Qué hago?

—Sabes de sobra que el primer paso es la observación. Acércate al escenario del crimen con Mercedes, la veterinaria de nuestro equipo, y que nos diga exactamente qué tipo de animal te ha picado. Luego, ya veremos...

Mientras el resto del equipo devoraba el aperitivo como si no hubiera un mañana, Mercedes y yo nos dirigimos a la arboleda cercana al club deportivo donde había jugado días antes. Al llegar, comprobamos que la zona estaba llena de mosquitos de pequeño tamaño.

—No te confundas —me advirtió Mercedes—, no son simples mosquitos. Pertenecen a una de las especies más peligrosas. Son capaces de transmitir enfermedades como el dengue, el zika y, muy especialmente, el chikungunya. Su nombre científico es *Aedes albopictus*, pero se los conoce como... mosquitos tigre.

—No me fastidies. ¿Y cómo sabes que no es un mosquito normal?

—Son más pequeños que la especie común, apenas miden entre 5 y 10 mm. Tienen una característica línea blanca central en el tórax que se prolonga sobre la cabeza. Sus patas son de gran tamaño, si las comparamos con la totalidad del cuerpo, y están flanqueadas con rayas blancas. Además, en el abdomen tienen unas bandas blancas horizontales más gruesas. Hay otra prueba inequívoca: el tipo de picotazo. Me has comentado que el dolor ha ido a más conforme pasa el tiempo y que la piel alrededor del picotazo se torna cada vez más rojiza. Esa sintomatología también es característica de *Aedes albopictus*. Además, ¿cuándo me has dicho que notaste el pinchazo?

—Hace unos días llovió torrencialmente. Por la tarde jugué al tenis, y allí noté el pinchazo en la pierna.

—Los mosquitos tigre crían en recipientes pequeños con agua estancada en zonas urbanas, como son los platos de los tiestos, las plantas acuáticas, los jarros con flores, bebederos de animales, etcétera. También la materia orgánica arrastrada por las riadas favorece su proliferación. Yo veraneé un año en la Dehesa de Campoamor y sé que cada vez que llueve abundantemente el agua se estanca en la rambla varios días. Si te acercas por allí, te volverán a picar.

UNA MAMÁ MUY PROLÍFICA

Una hembra de mosquito tigre no deposita sus huevos en aguas en movimiento, pero puede llegar a poner hasta doscientos huevos en una semana dentro de un pequeño recipiente con agua estancada..., así que imagínate en la rambla. Desde que el mosquito nace del huevo, solo tarda seis días en convertirse en adulto. Aunque los mosquitos tigre son diurnos, a diferencia de las especies de mosquito comunes, una vez que salen del huevo se esconden entre la vegetación en zonas húmedas y sombrías (no les gusta el sol directo). Si tienen lo que necesitan (agua, refugio, sombra y agua), no se alejan mucho del lugar donde han nacido. Así que te recomiendo que no pases cerca de lugares abandonados con aguas paradas y mucha vegetación putrefacta.

—¿Qué hacen los mosquitos tigre en el Mediterráneo? ¿No son originarios de Asia?

—Es cierto que proceden del continente asiático, pero hace más de una década que llegaron a España —me explicó Mercedes—. Concretamente en 2004 se detectaron en la localidad barcelonesa de Sant Cugat del Vallès. Se cree que entraron desde Francia, donde unos años antes se habían detectado en almacenes de neumáticos usados. Gracias a su fácil adaptación y a su pródiga proliferación, este mosquito se extendió rápidamente por todo el litoral mediterráneo español. También se han detectado en otros países europeos como Albania, Bélgica, Francia, Italia, Montenegro, Croacia, Serbia, Hungría, Grecia, Suiza, Alemania y Holanda. E incluso está extendido por Sudamérica.

—Había oído que el invierno no les gustaba.

—Cierto, por eso no es habitual verlos en enero, ya que odian las bajas temperaturas. De hecho, suelen aparecer en abril y desaparecer en noviembre. Pero estas Navidades han sido atípicas, y el fuerte calor y las lluvias torrenciales han atraído al *Aedes albopictus* a Campoamor. Pero no creas que es un hecho puntual. El aumento global de la temperatura media podría favorecer su llegada. Zonas que hasta ahora eran demasiado frías se convertirán en lugares templados, donde los mosquitos tigre podrán vivir al menos unos meses al año. De hecho, la proliferación de enfermedades contagiadas por especies exóticas ha sido ya descrita como uno de los riesgos asociados al cambio climático.

—¿Cómo es posible que me picara en los tobillos si llevaba calcetines?

—Te picó en las piernas porque el mosquito tigre suele volar bajo, a ras de tierra. Son muy ágiles, pequeños y, en ocasiones, difíciles de ver. Además, son muy activos, te pueden picar a cualquier hora del día. Por otra parte, su trompa es capaz de traspasar los calcetines, por lo que no fueron un impedimento para él. Al contrario que otras especies que lo hacen una sola vez, el mosquito tigre te picó varias veces hasta que te succionó toda la sangre que necesitaba. Por eso tienes varias ronchas en la piel. Lo único que puedo hacer es recomendarte que no te rasques y que te pongas hielo para evitar la hinchazón y aliviar el dolor. Si vemos que no mejoras, deberás tomar fármacos con antihistamínicos o hidrocortisona.

Mercedes y yo volvimos rápidamente a casa. Tras contarles que el mosquito tigre era el responsable de mi insoportable dolor, Paco tomó la palabra:

—Equipo, deberíamos diseñar entre todos un nuevo producto antimosquitos tigre basado en la ciencia y la tecnología que cubra dos objetivos. El primero, que el mosquito tigre no se pueda acercar a las personas y succionar su sangre. El segundo, que, si por algún motivo el mosquito logra picar a alguien, no se produzca ningún proceso inflamatorio. Si lo logramos, no solo solucionaremos el problema de Jose y escribiremos un artículo científico, sino que incluso podríamos patentar la idea. ¿Os parece?

—De acuerdo. Pero ¿qué he hecho yo para que me pique? ¡Algo le habrá atraído de mí! —me quejé, harto del dolor.

—Por razones que aún se desconocen —expuso Paco— los mosquitos tigre prefieren a quienes tienen más colesterol en la piel, a las personas que sudan más o las que usan fragancias dulces, a los que producen más olor corporal... Por eso debes cuidar tu piel, ducharte y asearte cada vez que practiques ejercicio, no usar colonias con aromas dulces, etcétera. Todas estas precauciones son fáciles de llevar a cabo. Sin embargo, hay algo que les gusta mucho a los mosquitos tigre y que tiene más difícil solución: el CO_2 que emitimos las personas al respirar.

¡QUÉ OLORCITO MÁS RICO!

Los seres humanos espiramos unos 400 ml de CO_2 por minuto, lo que equivale a unos 0,72 g. Cada persona emite 0,37 toneladas de dióxido de carbono al año. Como la población mundial la componemos unos 7.700 millones de personas, el total que expulsamos es de unas 2,85 Gt (una gigatonelada equivale a mil millones de toneladas) de CO_2 al año. A efectos de comparación, las emisiones globales de otras actividades humanas (sin contar «respirar») suponen unas 27 Gt al año. Por tanto, los humanos suponemos casi un 11 % del total de emisiones. Este dato no es nada desdeñable… y al mosquito tigre le gusta.

—¡¿Cómo voy a evitar emitir CO_2 y que se acerque el mosquito tigre si tengo que respirar?!

Paco, como buen investigador, se lo toma todo con mucha calma. Antes de contestar, se acercó a la cocina y se sirvió un plato de langostinos del Mar Menor (*Penaeus kerathurus*) que el día anterior había comprado en la lonja. Este crustáceo pertenece a una variedad de langostino, los atigrados, que, debido a los especiales niveles de salinidad del Mar Menor, tiene un sabor muy valorado. Además, es más pequeño que otras variedades de la misma especie y el color de sus franjas atigradas es más intenso.

—Nunca había probado estos langostinos cocinados al vapor, siempre los preparo a la plancha. Están riquísimos. Respecto a lo del CO_2, seguro que nos puede ayudar Manoli.

—Pues sí, algo de luz puedo aportar al problema —replicó la bióloga especializada en botánica—. Mis plantas favoritas son las *Poaceae*, una familia de plantas herbáceas o, muy raramente, leñosas pertenecientes al orden de las monocotiledóneas. Dentro de sus más de 820 géneros y cerca de 12.100 especies descritas, mi preferida es la *Cymbopogon* o hierba de limón.

—Me parece perfecto, pero no sé qué relación hay entre eso y mi picotazo. Cada vez me escuece más y necesito una solución rápida.

—Tranquilo. En las hojas y tallos de las especies *Cymbopogon nardus* (citronela de Ceilán) y *Cymbopogon winterianus* (citronela de Java) hay muchos compuestos bioactivos de enorme importancia. Un grupo son los aceites esenciales, unos productos químicos insolubles en agua e intensamente aromáticos. Entre todos ellos destaca el aceite de citronela, que se añade como saborizante a algunas bebidas alcohólicas y a alimentos como productos lácteos congelados, gelatinas y pudines. Pero lo que más nos interesa es que se usa también como repelente contra los insectos. Así que debemos aprovecharlo para desarrollar un producto que no permita al mosquito tigre acercarse a ti.

—Fantástico, me echaré un litro de citronela y se acabó —exclamé desesperado.

LA CITRONELA ME CONFUNDE

La Agencia de Protección Ambiental estadounidense clasifica el aceite de citronela como un biopesticida con un modo de acción no tóxico. También son conocidas sus propiedades antifúngicas, que ayudan a inhibir el crecimiento de hongos como *Aspergillus, Eurotium y Penicillium.* Por todas estas propiedades, el aceite de citronela puede encontrarse en productos pesticidas —como aerosoles, lociones, velas y pulseras—, protectores solares y collares antipulgas.

Este aceite esencial contiene citronelal —que le da su característico aroma a limón—, citronelol y geraniol, unos compuestos orgánicos de fuerte carácter aromático. De entre los tres el que menos le gusta al mosquito tigre es el citronelal, perteneciente a la familia de los monoterpenoides. Parece ser que interfiere en los receptores situados en las antenas del mosquito, los cuales captan las emisiones del cuerpo humano (temperatura, CO_2, sudor) y lo orientan para que pueda picar. Por tanto, el citronelal no mata al mosquito (acción insecticida), sino que lo confunde evitando que localice el cuerpo humano (acción repelente).

—No vayas tan rápido —me recomendó Paco—. La impaciencia jamás ha sido un buena aliada de la ciencia. Entendemos tus necesidades, pero el avance científico va muy despacio. Por una parte, la aplicación de citronelal no va a mejorar tu picotazo. Su única función es que no se te acerquen más mosquitos tigre. Eso lo solucionaremos luego. Lo importante es que el citronelal tiene un serio problema estructural del que nadie habla y que debemos resolver antes de que te lo apliques. Te lo explicará Fernando, el físico-químico de nuestro grupo de investigación.

—Paco tiene razón —afirmó Fernando—. Generalmente se habla de las propiedades beneficiosas o perjudiciales de un compuesto sin tener en cuenta una serie de circunstancias que son cruciales. Por eso es absurdo hablar de las características de una molécula (incluidas su efectividad o su toxicidad) sin especificar qué concentración, pH o temperatura se encuentran en el medio de reacción. Un compuesto puede tener propiedades positivas si se prepara a bajas concentraciones en un fármaco, pero en una concentración inadecuada puede tener efectos muy negativos. También puede ocurrir lo contrario. ¿Por qué? Porque en muchas ocasiones, al aumentar la concentración de un compuesto, su estructura fisicoquímica cambia hasta el punto de que puede comportarse como otro totalmente distinto con propiedades opuestas.

—¿Me estás diciendo que, por ejemplo, duplicar la concentración de un compuesto no siempre duplica su efecto?

—Precisamente eso es lo que le ocurre al citronelal. Cuando se encuentra a bajas concentraciones, se presenta en forma de moléculas individuales llamadas monómeros. Sin embargo, a partir de una cierta concentración, comienzan a formarse unos agregados con propiedades totalmente diferentes. Pues bien, el valor exacto de concentración del citronelal al cual este pasa súbitamente de la forma monomérica a la agregada se denomina concentración micelar crítica. Para repeler al mosquito tigre es conveniente que empleemos una concentración de citronelal por debajo de su concentración micelar crítica. Es decir, que se encuentre en forma monomérica.

—Creo que lo he entendido todo. Para que no me piquen más mosquitos tigre, dadme una solución de citronelal en estado monomérico..., ¡pero hacedlo ya!

—Lo siento —volvió a intervenir Paco—, pero antes de rociarte con citronelal debemos solucionar otros problemas científicos que tiene esta molécula y de los que va a hablarte Carolina, nuestra química de productos naturales.

—El citronelal presenta una estructura química muy sensible fácilmente degradable por agentes externos —explicó Carolina—. Hay que impedir como sea que eso ocurra. Por otra parte, y al igual que ocurre con muchas colonias o desodorantes de baja calidad, el aroma del citronelal responsable de su acción repelente es muy intenso inicialmente, pero se pierde con rapidez por su alta volatilidad. Además, es muy poco soluble en disolución acuosa y eso nos obliga a introducir altas cantidades de disolvente orgánico en el repelente que estamos diseñando. Estos tres problemas reducen la efectividad del citronelal y debemos solucionarlos. La mejor forma es recurrir a la nanoencapsulación molecular, y no conozco mejor especialista que Adrián.

—Ese soy yo. La encapsulación molecular se basa en el uso de agentes encapsulantes para proteger en su cavidad interna un compuesto bioactivo. El agente ideal para encapsular el citronelal y así evitar la picadura del mosquito tigre es la ciclodextrina. Aunque tenga ese nombre tan exótico, en realidad es una molécula muy simple.

LADRONES DE CICLODEXTRINA

En la ciclodextrina, varias unidades de glucosa se unen formando una especie de anillo. El número de unidades de glucosa determina el nombre de las distintas ciclodextrinas (CD), que se designan con una letra griega: α-CD (6 unidades de glucosa), β-CD (7 unidades de glucosa), γ-CD (8 unidades de glucosa), etcétera. Además, las ciclodextrinas se pueden tunear. Es decir, están sujetas a posibles adiciones, sustituciones o eliminaciones que den lugar a modificaciones en su estructura.

Existen muchísimos tipos diferentes. Se pueden sintetizar químicamente, pero es más fácil obtenerlas empleando la microbiología. Hay diversos microorganismos que, para obtener energía a partir del almidón, usan enzimas. Una de ellas, muy poderosa aunque con un nombre muy raro, es la ciclodextrina-glicosil-transferasa (CGTasa). Sin embargo, justo antes de que el microorganismo se «coma» la ciclodextrina para obtener energía, los expertos en nanoencapsulación, conocedores del maravilloso valor industrial de esta molécula, intervienen en el sistema y se la «roban».

—¿Qué tienen estas moléculas que las hace tan especiales? —le pregunté.

—Su valor añadido reside en su singular estructura. Las ciclodextrinas tienen forma de dónut, con un interior altamente apolar y un exterior muy hidrofílico. Esta estructura les otorga una capacidad para encapsular una amplia variedad de moléculas orgánicas e inorgánicas, las llamadas «moléculas huésped», dentro de su cavidad interna. La formación de estos complejos de inclusión con ciclodextrinas puede alterar algunas de las propiedades físico-químicas de las moléculas huésped, entre las que se encuentran su solubilidad, biodisponibilidad, reactividad química...

—Pero ¿qué ventajas —inquirió Mercedes— ofrece esta estructura tan especial?

—La encapsulación de moléculas en el interior de las ciclodextrinas tiene una serie de ventajas, entre las que destacan la estabilización de sustancias sensibles a la luz y/o el oxígeno, la fijación de sustancias volátiles, la protección de distintas sustancias frente a la degradación por microorganismos, el aumento de la solubilidad, absorción y biodisponibilidad de diversas moléculas o el enmascaramiento de colores, sabores y aromas desagradables.

LAS CICLODEXTRINAS SIRVEN PARA (CASI) TODO

La industria farmacéutica utiliza las ciclodextrinas para proteger el principio activo de los medicamentos frente a agentes externos (luz, oxígeno, etcétera). También para aumentar la solubilidad de muchos fármacos, lo que reduce el tiempo de absorción del medicamento. Gracias a ellas, se consigue la liberación prolongada de algunos fármacos, lo que ofrece tres ventajas: una dosis del principio activo dentro de los niveles terapéuticos, una menor frecuencia de administración y una reducción de la toxicidad; así se consigue un fármaco o producto más eficaz y seguro.

Otro de los sectores que más se beneficia del uso de las ciclodextrinas es la seductora industria de fragancias y aromas. Todos conocemos la rapidez con la que los aromas que forman parte de muchas colonias y desodorantes desaparecen. Pues bien, las ciclodextrinas tienen la capacidad de hacer perdurar diversos tipos de aromas manteniendo su intensidad durante mucho tiempo, como si acabáramos de aplicarnos el correspondiente perfume.

Incluso la industria textil se ha beneficiado de ellas, ya que las propiedades de blanqueo que las ciclodextrinas confieren a distintos tipos de fibras las convierten en moléculas muy valoradas en este sector.

Y todo esto por no hablar del efecto protector de las ciclodextrinas sobre el medio ambiente, ya que han demostrado su capacidad para encapsular contaminantes orgánicos y metales pesados, eliminándolos tanto del suelo como de aguas contaminadas.

—¿Se pueden usar en la industria alimentaria?

—Por supuesto, Mercedes. Por una parte, mejoran el color de muchos alimentos. En los últimos años, por ejemplo, se han empleado para la prevención de la degradación del color en distintos tipos de zumos de frutas, como los procedentes de pera, melocotón, manzana y uva. Pero no solo mejora el color, sino que el uso de ciclodextrinas como agentes naturales puede enmascarar el desagradable sabor de algunos alimentos o mejorar el de otros. Todos conocemos el gran problema que presentan los chicles. Una vez introducidos en la boca, pierden su sabor en escasos minutos. Pues bien, las ciclodextrinas logran que ese sabor se mantenga intacto durante mucho tiempo. También se han empleado para su uso en el diseño de nuevos envases y el desarrollo de nuevos productos, concretamente de los famosos alimentos funcionales. Con ciclodextrinas se enriquecen alimentos de naturaleza hidrofílica, como zumos, néctares y determinados productos lácteos que poseen nutrientes (es el caso de algunos antioxidantes o ácidos grasos) poco solubles en agua. Incluso se han utilizado para reducir, e incluso eliminar, la presencia de sustancias perjudiciales para la salud en determinados alimentos; una de ellas es el colesterol presente en varios tipos de mantequillas, cremas o helados, que se han convertido en alimentos «bajos en colesterol» gracias a la ciclodextrina. Como ves no es una molécula más, sino que puede dar mucho de sí.

—Gracias, Adrián. Pero vamos a lo importante... ¿Cómo me ayudarán las ciclodextrinas a resolver el problema de mi picotazo? ¿Pueden matar al mosquito tigre?

—No lo matan directamente, pero pueden ayudar a que no se te acerque. Como te hemos contado antes, el citronelal presenta algunos problemas como su baja solubilidad, su facilidad de degradación y la rapidez con la que su aroma desaparece. Pues bien, si encapsulamos el citronelal en el interior de las ciclodextrinas, lograremos varias cosas a la vez. Por un lado, se incrementará su solubilidad, lo que permitirá utilizar altas concentraciones de este repelente. Por otro, el anillo de la ciclodextrina protegerá al citronelal impidiendo su degradación. Finalmente, y al igual que pasa con algunas colonias, desodorantes o chicles, la encapsulación del citronelal en el interior de una ciclodextrina y su posterior liberación controlada permitirá que el aroma persista durante más tiempo en el ambiente, así el mosquito tigre no se te acercará. La suma de esos tres factores aumentará la eficacia del citronelal como repelente.

—Me has convencido —reconocí—. Encapsulemos el citronelal en ciclodextrinas. ¡Muerte al mosquito tigre! Por cierto, antes me has dicho que existen cientos de ciclodextrinas diferentes. ¿Cuál usamos?

—La elección de la ciclodextrina que mejor encapsule el citronelal es clave para el desarrollo del nuevo producto, pero no tengo ni idea de cuál escoger. Eso solo lo puede saber Pepa, nuestra bioinformática experta en química computacional.

— Pepa, ¿tienes algo que decir? ¡El escozor va en aumento, necesito una solución ya!

—Puedo ayudaros. La química computacional se está convirtiendo en una disciplina imprescindible en todos los grupos de investigación. Su poder predictivo nos va a ayudar, en tu caso, a saber qué tipo de ciclodextrina es la que mejor encapsulará el citronelal para protegerlo de su degradación y volatilidad... y así combatir la presencia del mosquito tigre en la Dehesa de Campoamor.

ORDENADORES PARA VER EL FUTURO MOLECULAR

El austríaco Martin Karplus, el sudafricano Michael Levitt y el israelí Arieh Warshel fueron galardonados con el Premio Nobel de Química en 2013 por «el desarrollo de modelos multiescala de sistemas químicos complejos». Estos tres investigadores sentaron las bases de las metodologías teóricas que luego tradujeron a los potentes programas informáticos empleados actualmente para comprender y predecir procesos químicos, unos modelos que replican la vida real y que son uno de los avances más cruciales para la química contemporánea.

Gracias a la química computacional desarrollada por Karplus, Levitt y Warshel se pueden simular en potentes ordenadores reacciones químicas complejas para predecir cómo pueden interaccionar determinadas moléculas o para saber si una reacción va a ocurrir o no. Este poder predictivo se aprovecha para muchas finalidades, como el diseño de fármacos o la síntesis de nuevos compuestos.

—¿La química computacional basada en ordenadores va a sustituir a la tradicional hecha en el laboratorio?

—En absoluto. Para que los resultados obtenidos mediante la química computacional a través de grandes ordenadores sean definitivos, deben complementarse con experimentos que confirmen esas predicciones, y estos se realizan en laboratorios. El desarrollo de la química computacional es de vital importancia para la predicción y el desarrollo de infinidad de reacciones químicas en el campo de la medicina, pero la química computacional y la química experimental forman un binomio y se nutren mutuamente. La química computacional necesita a la experimental para corroborar sus predicciones, mientras que esta necesita a la computacional para optimizar su rendimiento.

—¿De qué métodos computacionales se dispone? ¿Llevas alguno encima?

—Para realizar el cribado virtual podemos emplear muchas técnicas distintas, desde las más rápidas e imprecisas, como los farmacóforos (los grupos relevantes para la actividad biológica de una molécula), y las de mediana precisión (*docking* o acoplamiento molecular) a las de precisión alta (dinámica molecular) o muy alta (métodos cuánticos). Yo suelo usar el *docking* molecular, que consiste en buscar la conformación y posición óptima de un ligando (por ejemplo, una molécula orgánica pequeña) dentro de una diana molecular (por ejemplo, una enzima o un canal iónico). En una primera fase, el *docking* buscará todas las posibles interacciones entre la ciclodextrinas y el citronelal y, luego, puntuará cada interacción según su eficacia. Precisamente en el ordenador portátil que llevo en la mochila tengo instalado el programa informático que me va a permitir hacer las simulaciones en unos minutos.

Mientras yo rellenaba los platos y los vasos del implacable equipo, Pepa se aplicaba en su ordenador.

—¡Eureka! El programa informático ya ha dado su veredicto. Hidroxipropil-beta-ciclodextrina, un anillo formado por siete moléculas de glucosa y un radical hidroxipropilo, es la ciclodextrina elegida para nuestro nuevo producto antimosquitos tigre.

—Por fin tenemos nuestro citronelal monomérico encapsulado en la ciclodextrina óptima para que aumente su eficacia y listo para su administración. Gracias a todos. ¿Alguien tiene algo más que decir o podéis aplicármelo ya? —Jamás aprenderé a cerrar la boca en el momento justo, sobre todo cuando Silvia, nuestra tecnóloga de alimentos, aún no había dicho nada en todo el día.

—Yo. Todo lo que hemos hecho hasta ahora no servirá de nada si el aroma del citronelal se pierde rápidamente, pues los mosquitos volverán a atacar. Es cierto que ya lo hemos encapsulado en ciclodextrinas, pero ¿alguien ha comprobado si la encapsulación ha sido realmente efectiva desde el punto de vista sensorial? Os recuerdo que el citronelal encapsulado solamente servirá para algo si bloquea los receptores que ayudan a que el mosquito tigre detecte el CO_2, el calor y el sudor humanos.

—Tienes razón, Silvia —dijo Paco, el líder del equipo—. Dejemos que lo compruebe.

—Voy a hacer el análisis mediante dos metodologías: la instrumental y la sensorial. Para el análisis instrumental voy a emplear un cromatógrafo de gases portátil formado por un gas portador, el sistema de inyección del citronelal, la columna y el detector. Lo llevo siempre en el coche. Fijaos lo que voy a hacer porque es muy sencillo. En primer lugar, introduzco en el cromatógrafo gaseoso una muestra que solo lleve el citronelal y compruebo el tiempo que tarda en volatilizarse. A continuación, repito el mismo experimento con una muestra en la que el citronelal ya está encapsulado en ciclodextrinas. ¡Los resultados son clarísimos! La muestra que solo lleva citronelal ha tardado muy poco en desaparecer. Sin embargo, cuando está protegido en el interior de la ciclodextrina, el tiempo de permanencia es muchísimo mayor.

—¿Y eso qué implica?

—Que si te impregnas de una solución comercial de citronelal estándar solo te protegerá del mosquito tigre durante un rato, pero si utilizas el citronelal encapsulado en ciclodextrinas que hoy estamos desarrollando entre todos, esos molestos chupadores de sangre no podrán detectarte en mucho tiempo. Pero no te precipites. Para asegurarnos de que vamos por el buen camino, debemos hacer también el análisis organoléptico del citronelal. Para ello necesito un grupo de catadores con buena nariz que hagan de mosquitos tigre. Deberán distinguir entre el citronelal estándar y el encapsulado. Como hacer una cata sensorial tras una comida copiosa no es lo más recomendable, no me servís. Me voy a casa de los vecinos para ver si se ofrecen como voluntarios.

Poco después, mientras los demás dormitaban y yo me moría de escozor, se oyeron unos pasos apresurados.

—¡Buenas noticias! —dijo Silvia mientras se acercaba—. Ya tengo los resultados del análisis sensorial realizado por el grupo de catadores. El citronelal estándar se evapora enseguida y los catadores no lo perciben al poco rato. Por eso no es efectivo para repeler al mosquito tigre. Sin embargo, el encapsulado en ciclodextrinas sigue oliendo intensamente durante mucho más tiempo. Esto confirma los datos que arrojó el análisis instrumental mediante la cromatografía gaseosa. La encapsulación en ciclodextrinas perjudica al mosquito tigre. ¡Lo hemos logrado!

Rápidamente me quité el calcetín y fui a rociarme con el citronelal encapsulado en ciclodextrinas. Sin embargo, Paco volvió a intervenir.

—Algo me huele mal. Por favor, ¿podéis comprobar la capacidad bactericida del nuevo producto?

—Vamos a ver, Paco, el citronelal es conocido por su acción repelente, pero también tiene una alta capacidad bactericida. Al alterar la membrana celular de las bacterias que pueda haber en nuestra piel, las destruye. En el caso de que algún mosquito no haya sido repelido y consiga llegar a nuestra piel, podría depositar alguna bacteria en ella. Pero, gracias al citronelal de nuestro producto, esa bacteria morirá. No me parece que haga falta comprobarlo.

—Parece mentira que a estas alturas de tu carrera científica digas eso —me riñó Paco con cariño—. No podemos dar nada por supuesto, y hay algo que me huele a chamusquina. Juana, tú que eres microbióloga, comprueba que la inclusión de ciclodextrinas como agente encapsulante no ha modificado la capacidad bactericida del citronelal, por favor.

Mientras Juana realizaba el análisis, los demás X-Men prosiguieron con su incesante misión de acabar con todas las provisiones de la casa.

—Tienes razón —concluyó Juana cuando terminó—. La presencia de ciclodextrinas ha perjudicado gravemente la capacidad del citronelal para destruir las bacterias que pudiera haber en la piel de las personas. Más bien pasa al contrario. ¡El producto antimosquitos tigre que estamos preparando favorece el crecimiento bacteriano! Esto es peligroso. ¿Qué está pasando?

—Me lo imaginaba. En ausencia de ciclodextrinas, el citronelal destruye las bacterias que puedan llegar a nuestra piel. Sin embargo, al introducir este agente encapsulante provocamos el efecto contrario y les estamos dando de comer a estos microorganismos. Recordad que las ciclodextrinas están formadas por unidades de glucosa, así que es muy posible que las bacterias recurran a estas ciclodextrinas para crecer. Para comprobarlo, necesitamos un bioquímico que nos diga cómo impedir que las bacterias «devoren» las ciclodextrinas como fuente de energía —admitió Paco—. Álvaro, es tu momento.

Reconozco que esta investigación era la más interesante que habíamos hecho en años. Pero mi escozor no me dejaba vivir. Al ver mi cara de desesperación, Álvaro comenzó a hablar:

—No os preocupéis, tengo la solución. Lo que está ocurriendo es que algunas bacterias tienen unas enzimas, las amilasas, que son capaces de transformar las ciclodextrinas en glucosa, un azúcar que les sirve de alimento. Por eso las bacterias crecen cuando usamos nuestro nuevo producto antimosquitos tigre. Es decir, lo que estamos diseñando repele el mosquito tigre, pero aumenta la posibilidad de infección bacteriana.

—Pero ¿no has dicho que tenías el remedio?

—Sí. Hay que introducir en el producto una molécula que impida a las bacterias convertir las ciclodextrinas en glucosa. Así no podrán comer y crecer. Debemos a toda costa inhibir esa ruta enzimática catalizada por las enzimas amilasas bacterianas.

—¿Y tenemos esa molécula? —pregunté con cierto nerviosismo.

—Sí. Hay un colectivo que tiene el mismo problema al que nos enfrentamos. Me refiero a los diabéticos. Al igual que nosotros debemos impedir que las amilasas bacterianas conviertan las ciclodextrinas en glucosa, los diabéticos deben evitar a toda costa el paso de almidón a glucosa producido por las amilasas humanas. ¿Cómo vamos a hacerlo? Con la ayuda de un principio activo que está presente en los fármacos que emplean los diabéticos: la acarbosa, uno de los santos griales para luchar contra la diabetes.

Aluciné con la intervención de Álvaro. Un arma contra la diabetes humana nos había dado la solución para fastidiar al mosquito tigre. Siempre he defendido que el conocimiento científico generado en un área puede de ser de aplicación en otra muy diferente (lo que viene a ser la interdisciplinariedad).

—Nos ha costado, pero por fin lo tenemos. Añadidle acarbosa al producto y pasádmelo para...

—No tan rápido —me interrumpió Paco—. Hay un dato importante que no hemos tenido en cuenta. Tienes el tobillo inflamado. Con lo que hemos diseñado hasta ahora, no se te acercarán más mosquitos tigre ni crecerán bacterias en tu piel, pero el picotazo sufrido puede ir a más si no lo tratamos. Además, hay que pensar a lo grande. Lo que hoy estamos diseñando deberíamos patentarlo como un nuevo producto que sirva, por un lado, para repeler a los mosquitos tigre; por otro, para evitar el crecimiento bacteriano; y, finalmente, para impedir la inflamación en caso de que por cualquier causa el mosquito tigre burle la acción del citronelal y pique a las personas. Por todo ello, hay que introducir un antiinflamatorio en el nuevo fármaco antes de ponerlo en uso.

—¿Hablas en serio?

—Por supuesto. Necesitamos una farmacéutica que nos proporcione el antiinflamatorio adecuado. Encarna, es tu turno.

—Últimamente estamos estudiando nuevos compuestos con capacidad antiinflamatoria. Uno de ellos es el citrato de sildenafilo, una molécula poco soluble en agua implicada en las reacciones de inflamación y que se emplea para combatir enfermedades como la hipertensión pulmonar arterial. Podríamos innovar y utilizarlo en nuestro producto antimosquitos tigre.

LA HIPERTENSIÓN ARTERIAL PULMONAR

El lado derecho del corazón bombea sangre a través de los pulmones, donde recoge oxígeno. Luego, la sangre retorna al lado izquierdo del corazón, desde donde se bombea hacia el resto del cuerpo. Si las arterias pulmonares se estrechan, no pueden transportar mucha sangre, por lo que la presión se acumula. Es lo que se denomina hipertensión pulmonar. Como consecuencia, el corazón tiene que trabajar más para bombear suficiente sangre a través de ellos. Pues bien, el citrato de sildenafilo se usa para combatir este trastorno por su potente acción vasodilatadora que relaja la pared arterial, permitiendo así la disminución de la resistencia y de la presión arterial, lo cual aumenta el suministro de sangre a los pulmones y reduce el trabajo del corazón.

—Encarna, ¿qué tiene que ver ese compuesto con mis picotazos?

—Si los picotazos no se tratan correctamente, se produce una fuerte inflamación que puede derivar en graves trastornos. Por eso, si introducimos en la cavidad interna de las ciclodextrinas no solo el citronelal, sino también el citrato de sildenafilo, tendremos cubiertos los dos objetivos de los que hablaba Paco: repeleremos al mosquito con la acción del citronelal y evitaremos cualquier posible inflamación derivada de un picotazo aislado gracias al citrato de sildenafilo.

—Perfecto. Tras ocho horas de jornada gastrocientífica, y con mi tobillo como una bota, ya tenemos la fórmula mágica. El nuevo producto antimosquitos tigre debe llevar ciclodextrinas que encapsulen el citronelal para repeler al mosquito, un inhibidor de amilasa para que la bacteria *E. coli* no se coma las ciclodextrinas y, además, citrato de sildenafilo como antiinflamatorio.

Sin pensármelo más, agarré el aerosol y me lo eché por todo el cuerpo. No quedó ni un centímetro de mi piel sin rociar. De repente, mi jefe empezó a gritar.

—¿Pero qué haces, loco? Este producto no sirve en tu caso. A ti ya te picó el mosquito y tu tobillo está demasiado inflamado. Échate un poco de alcohol y acude al médico.

—¿Me estáis tomando el pelo? ¿Que me eche alcohol y vaya al médico? ¿Tras acabar con mi frigorífico y mi despensa me decís eso?

—Bueno..., hay una cosa más que debes saber sobre los posibles efectos secundarios del producto antimosquitos tigre que te has aplicado.

—¿De qué hablas, Paco?

—El citrato de sildenafilo que hemos utilizado como antiinflamatorio no solo se emplea para combatir la hipertensión pulmonar, sino que también forma parte de la Viagra, el fármaco más consumido contra la disfunción eréctil... Chicos, vámonos, aquí ya no hay nada que hacer.

—¡No me dejéis así!

—Lo sentimos. Nos has traído aquí para que solucionemos científicamente tu problema con el mosquito tigre, y lo hemos hecho gracias a la multidisciplinariedad y la interdisciplinariedad, dos de las mejores armas de la ciencia. Pero antes de regresar a Murcia, te anuncio que vamos a publicar un artículo con los resultados obtenidos.[18] ¿Cómo se te ha quedado el cuerpo?

—¿El cuerpo? Solo tienes que mirarme. Estoy «contentísimo», como si llevara un conejo en el bolsillo...

[18] Carolina Abril-Sánchez, Adrián Matencio, Silvia Navarro-Orcajada, Francisco García-Carmona, José Manuel López-Nicolás, «Evaluation of the properties of the essential oil citronellal nanoencapsulated by cyclodextrins», *Chemistry and Physics of Lipids*, 29, 2019, pp. 72-78.

12

REGRESO AL FUTURO

La vuelta al trabajo tras las vacaciones de Navidad siempre es dura. Si además son tan intensas como lo habían sido ese año, el regreso aún resulta más difícil. Pero en esta ocasión había tenido un acicate: en la Universidad de Murcia investíamos doctor *honoris causa* al naturalista inglés Charles Robert Darwin (1809-1882), en mi humilde opinión la figura científica más trascendente de la historia. Darwin planteó la teoría de la evolución biológica a través de la selección natural, que expuso y justificó en su obra *El origen de las especies.* En Murcia somos así, nos saltamos las normas y nombramos doctores *honoris causa* a personas que fallecieron hace más de un siglo, pero cuyo trabajo condiciona no solo el presente, sino también el futuro de la humanidad.

Antes de dirigirme a la ceremonia de investidura del «nuevo» doctor *honoris causa,* me vestí con el traje académico: toga, muceta, birrete, puñetas, guantes y la medalla de la Facultad. Me hubiera gustado mucho leer la lección magistral en honor del insigne científico inglés, pero el rector no lo creyó conveniente y eligió a otra persona. Cuando Ruth, a la que debía dejar en su colegio, y yo nos disponíamos a salir, la puerta se abrió. Era mi mujer, Rhut, que volvía de pasar las Navidades en Sídney, Australia, donde había realizado una breve estancia investigadora. Cuando la vio, mi hija se lanzó a sus brazos.

—¡Mamá, te he echado mucho de menos!

—Hola, Ruth. Y tú, ¿adónde vas con esa pinta?

—Yo también te quiero. ¿Eso es lo primero que tienes que decirme tras diez días de vacaciones mientras yo sufría con tu hija?

—¡No he estado de vacaciones! Es cierto que en Australia es pleno verano en estas fechas, pero me he pasado diez días encerrada en el laboratorio. Además, el viaje de vuelta ha sido largo y, si me descuido, no llego a tiempo para el acto de hoy.

—¿De qué acto hablas? Bueno, acompáñame a llevar a Ruth al colegio y me cuentas por el camino.

Jamás se me olvidarán las risas de los compañeros de mi hija cuando me vieron aparecer con el traje académico en el colegio. Tampoco la mirada asesina de Ruth.

—La estancia en Sídney ha sido muy provechosa —me explicó mi mujer para desviar mi atención—. Hemos logrado resucitar dos proteínas y hemos diseñado otras tres más. No está mal en tan poco tiempo.

—¿Resucitar? ¿Me tomas el pelo?

—En absoluto. Hoy en día, gracias a las modernas técnicas de análisis de secuencias, a los novedosos métodos de análisis estadístico y a los avances en ingeniería genética, los expertos en paleobioquímica podemos «resucitar» proteínas.

EN BUSCA DE LA PROTEÍNA PERDIDA

Las proteínas son estructuras formadas por cadenas de aminoácidos que siguen una determinada secuencia. Hoy en día se sabe que algunas de ellas provienen de una misma proteína ancestral común, ya desaparecida. La posibilidad de reconstruir secuencias de proteínas ancestrales a partir de otras obtenidas de proteínas actuales es uno de los campos de la bioquímica que más de moda está.[19] Los pioneros de esta disciplina, la paleobioquímica, fueron los grandísimos Linus Pauling (1901-1994), que recibió los premios Nobel de Química y de la Paz, y el biólogo francés de origen austriaco Émile Zuckerkandl, considerado uno de los fundadores del campo de la evolución molecular. Hace más de cincuenta años, estos científicos intuyeron la paleobioquímica que, gracias a los avances actuales, nos ha llevado a «resucitar» proteínas. José Manuel Sánchez Ruiz, catedrático de Química de la Universidad de Granada y uno de los grandes especialistas en paleoquímica, afirma que si sabemos que dos proteínas tienen el mismo origen y conocemos el proceso evolutivo que han seguido, podemos retroceder en el tiempo y hacer una estimación razonable de esa proteína ancestral común.

—¿Para qué sirve la paleobioquímica?

—¿No te das cuenta? Las implicaciones de lo que he estado haciendo en Australia son muchas. Por una parte, gracias a la recuperación de proteínas ancestrales, ha sido posible echar un vistazo atrás y resolver enigmas en torno a momentos evolutivos cruciales. Por otra, conocer el pasado nos está sirviendo para mejorar el presente. Y, por último, la «resurrección» de proteínas antiguas es algo más que una útil curiosidad científica: permitirá tener un mejor futuro.

—Explícate —le pedí—, este tema comienza a interesarme.

—En primer lugar, la resurrección de proteínas nos

[19] Álvaro Inglés Prieto, *Proteínas ancestrales: Reconstrucción y caracterización energética, funcional y estructural*, tesis doctoral, Departamento de Química Física, Universidad de Granada, 2013; disponible en <digibug.ugr.es/handle/10481/26391>.

ayuda a conocer mejor la evolución humana. El descubrimiento de cómo eran determinadas moléculas hace millones de años y de cómo evolucionaban en el tiempo nos da información acerca de cuál era su entorno en cada momento, ya que dichas moléculas debían adaptarse a él si querían seguir manteniendo su actividad. Se puede determinar la temperatura o el pH de un medio en un momento exacto si sabemos la estructura de las proteínas que existían entonces.

—¿Tienes algún ejemplo concreto?

—Claro. Recientemente se han «resucitado» proteínas del periodo Precámbrico, es decir, que vivieron hace entre 4.500 y 500 millones de años, lo que ha aportado información acerca de cómo era nuestro planeta en aquella época. Un importante descubrimiento llevado a cabo por un grupo de investigadores dirigidos por el especialista en proteínas ancestrales Eric Gaucher refuerza la idea de que los océanos primitivos eran cálidos y que se han ido enfriando a lo largo de la evolución.[20]

—Es decir, gracias a la recuperación de proteínas ancestrales ha sido posible echar un vistazo atrás y resolver enigmas en torno a momentos evolutivos cruciales.

—Te voy a poner un ejemplo maravilloso. ¿A que no sabes en qué momento de la historia el ser humano comenzó a consumir alcohol? Tú sabes que gracias a una serie de enzimas existentes en nuestro organismo podemos degradar las moléculas de alcohol y metabolizarlo. Sin embargo, esto no fue siempre así. ¿Nunca te has preguntado en qué momento evolucionó nuestra especie para favorecer a los individuos con

[20] Eric A. Gaucher *et al.*, «Paleotemperature trend for Precambrian life inferred from resurrected proteins», *Nature*, 451 (7179), febrero de 2008, pp. 704-707.

más cantidad de estas enzimas y, por tanto, más eficaces a la hora de procesar el alcohol?

—Pues no.

—Tradicionalmente se creía que este proceso ocurrió hace unos 10.000 años, cuando surgió la agricultura y pudo generalizarse la fermentación de cereales y fruta. Sin embargo, parece ser que no fue así. Al resucitar las enzimas implicadas en el metabolismo del alcohol, se observó que dicho proceso ocurrió hace unos 10 millones de años, cuando nuestros ancestros bajaron de los árboles y adoptaron un estilo de vida terrestre.[21] Esto debió de ser una ventaja para los primates que vivían en el suelo, donde la fruta fermentada era más frecuente. Gracias a la resurrección de proteínas, hoy conocemos otra parte de nuestra evolución. Si Darwin levantase la cabeza...

—Precisamente hoy tengo un acto relacionado con Darwin y estoy disgustado porque yo quería dar la lección magistral, pero no he sido el elegido. Luego te cuento. Una vez que has determinado cómo era esa proteína en el pasado, ¿cuál es el siguiente paso?

—En el caso de que, por cualquier motivo, nos interese disponer de la proteína ancestral que ya no existe en la actualidad, nos metemos en el laboratorio y, de acuerdo con lo que hemos averiguado acerca de cómo era en el pasado, la volvemos a sintetizar. Empleamos métodos bioinformáticos, química computacional y técnicas biotecnológicas de nueva generación. De esta forma obtenemos una proteína con alta actividad biológica que no existe actualmente, pero que algún día tuvo un importante papel en la vida de los seres vivos.

[21] Matthew A. Carrigan *et al.*, «Hominids adapted to metabolize ethanol long before human-directed fermentation», *PNAS*, 112(2), 2015, pp. 458-463.

PROTEÍNAS FÓSILES MUY «VIVAS»

Gracias a la resurrección de proteínas se puede combatir algunas enfermedades causadas por virus que afectan a muchísimos cultivos agrícolas. Los virus son seres vivos muy pequeños y sencillos que, para expandirse y reproducirse, necesitan reclutar unas proteínas especiales del huésped al que han infectado. Estas proteínas, llamadas factores provirales, evolucionan a la par que el propio virus. Una de las proteínas huésped más importantes que secuestran los virus para poder replicarse y sobrevivir es la tiorredoxina, una molécula que existe prácticamente desde el origen de la vida y está presente en todos los organismos modernos. Los virus son capaces de infectar la bacteria *E. coli* aprovechando la tiorredoxina para su propio beneficio. Pues bien, para que los virus no puedan desarrollar su función, un equipo de investigadores de la Universidad de Granada dirigido por el profesor José Manuel Sánchez Ruiz «resucitó» versiones ancestrales de la proteína tiorredoxina existente hace miles de millones de años mediante ingeniería genética y las introdujo en una bacteria *E. coli* actual. De esta manera, utilizando una proteína fósil en lugar de la actual, desmontaron toda la estrategia del virus. Gracias a ello, los virus que sí pueden utilizar las versiones actuales de tiorredoxina fueron incapaces de aprovechar en beneficio propio la versión antigua, por lo que la bacteria *E. coli* quedó protegida frente a infecciones víricas.[22]

[22] Asunción Delgado *et al.*, «Using Resurrected Ancestral Proviral Proteins to Engineer Virus Resistance», *Cell Reports*, 19(6), 2017, pp. 1247-1256.

—¿Y qué aplicaciones prácticas tiene este descubrimiento?

—En el campo de la bioingeniería de plantas, muchas. Podría utilizarse para manipular las especies genéticamente y hacerlas resistentes a los virus que pueden causar efectos devastadores en las cosechas. Piensa que hay países cuya economía y subsistencia dependen de un cultivo concreto, como el arroz, el trigo, la yuca o el plátano. Una enfermedad viral en ellos puede tener consecuencias desastrosas para la población. Gracias a la resurrección de determinadas proteínas y su posterior inclusión en cultivos para resistir la infección vírica, se evitaría este desastre. Si Darwin levantara la cabeza...

—Y dale con Darwin. ¿Podríamos «tunear» esa proteína resucitada e incluso mejorarla respecto a la que existió hace millones de años?

—Por supuesto, la evolución dirigida tiene la clave... y tu querido Darwin la culpa. Vayamos por partes. Si el naturalista inglés no se hubiese embarcado en el Beagle en 1831, jamás habría escrito su célebre obra *El origen de las especies*. En su famosa teoría de la evolución, Darwin apostó certeramente por la adaptación de los seres vivos al entorno mediante cambios minúsculos, aunque heredables, que se transmiten de generación en generación. Aquellos individuos que tengan alguna variante que les otorgue una ventaja respecto al resto de los seres vivos tendrán mayor probabilidad de sobrevivir y transmitir esa ventaja a su descendencia. Te doy un ejemplo. En una manada de antílopes solo los más veloces sobrevivirán ante el acoso de los depredadores, para así transmitir sus genes a la siguiente generación.

—Pero aún no has relacionado el viaje de Darwin, que lo llevó a los desiertos de la Patagonia, las montañas boscosas de la Tierra de Fuego o las islas del archipiélago de las Galápagos, con las proteínas resucitadas.

—No te impacientes. A Darwin ni se le pasó por la cabeza

que, 150 años más tarde, sus teorías servirían para el desarrollo de una disciplina que ha supuesto una revolución absoluta en el campo de la biotecnología: la evolución molecular dirigida. Esta evolución no se realiza en la naturaleza, sino que la hacemos algunos biólogos en un tubo de ensayo..., pero el fundamento es el mismo. En la naturaleza, los caracteres se propagan a través de la reproducción sexual. En la evolución molecular dirigida, la variabilidad se promueve mediante mutaciones inducidas, la recombinación del material genético o ambas. A continuación se escogen los mejores clones de la generación creada, se introducen de nuevo en el tubo de ensayo y se inicia otro ciclo de evolución. Este proceso se repite cuantas veces sea necesario, hasta que se consiga la nueva proteína con las cualidades buscadas.

—Ya lo he cogido. ¿Quieres decir que la resurrección de proteínas podría acoplarse a la evolución molecular para dar lugar a moléculas con propiedades muy beneficiosas?

—¡Exacto! Y todo esto sin olvidar lo más importante...

EVOLUCIÓN BAJO CONTROL

La evolución molecular dirigida tiene importantes ventajas: gran estabilidad a altas temperaturas o en medios no convencionales, mayor eficiencia, mejor actividad catalítica, etcétera. Pero hay un dato muy importante que diferencia la evolución en la naturaleza que describió Darwin y la *in vitro.* La evolución natural no cursa en un sentido prefijado. Los episodios ocurren de forma espontánea durante la reproducción y la lucha por la supervivencia. Sin embargo, en los experimentos de evolución dirigida hay un objetivo definido. Además, los pasos fundamentales (mutación, recombinación y selección) se hallan sometidos al control del investigador.

—¿El qué?

—La evolución en la naturaleza es lenta. Por el contrario, la evolución dirigida, jugando con las mismas reglas, comprime la escala temporal de la evolución natural, desde miles de millones de años hasta tan solo unas semanas de trabajo en el laboratorio. Si Darwin pudiera verlo...

—Qué pesada estás con Darwin. ¿Hay ya disponibles proteínas que se hayan obtenido mediante evolución dirigida?

—Por supuesto. En un articulo publicado en la más que recomendable revista *Investigación y Ciencia* y escrito por Miguel Alcalde Galeote, investigador del Consejo Superior de Investigaciones Científicas (CSIC), aparecen muchos ejemplos de proteínas obtenidas mediante este procedimiento junto con las empresas que ya las comercializan. Destacan enzimas que se añaden a los detergentes de lavadoras para eliminar las manchas de grasa, medicamentos más efectivos contra el cáncer u otras enfermedades, anticuerpos que se unen a su antígeno con una fuerza 10.000 veces superior a la que lo haría un anticuerpo normal.[23] Mi referente en este campo es la investigadora Frances H. Arnold, del Instituto de Tecnología de California.

—¿Qué tiene de especial?

—La doctora Arnold desarrolló en 1993 los primeros estudios de evolución dirigida de enzimas (proteínas que catalizan reacciones químicas). Estos métodos permiten fabricar proteínas con un sistema respetuoso con el medio ambiente, tanto para la industria farmacéutica como para la producción de biocombustibles renovables. Entre sus objetivos está la producción de catalizadores limpios, altamente selectivos, que darán lugar a las desaparición de subproductos tóxicos y de

[23] Miguel Alcalde, «Evolución molecular dirigida», *Investigación y Ciencia*, 326, noviembre de 2003, pp. 69-77.

procesos energéticamente muy caros. No se limita a realizar la evolución dirigida de una sola enzima, sino que explora la evolución de vías metabólicas completas donde intervienen muchas. Su trabajo es tan fascinante que mi objetivo es viajar a Estados Unidos para hacer mi próxima estancia investigadora en su laboratorio, pero va a ser muy complicado.

—¿Por qué?

—Porque en 2018 la doctora Arnold fue una de las galardonadas con el Premio Nobel de Química. El comité de la Real Academia de las Ciencias de Suecia se lo concedió por su trabajo en la evolución dirigida de las enzimas y consideró que había «aprovechado el poder de la evolución» con el propósito de «proporcionar el mayor beneficio a la humanidad». Como te imaginarás, el laboratorio de la doctora Arnold está muy solicitado para realizar estancias investigadoras, pero pediré consejo a un brillante científico español que colabora asiduamente con ella. Me refiero a Miguel Alcalde, uno de los mejores investigadores mundiales en el campo de la evolución dirigida de proteínas. Recurriré a él para irme a trabajar en el laboratorio de la doctora Arnold. Tú puedes quedarte aquí con tus amigotes...

—¡Ni de broma, yo te acompaño! En resumidas cuentas, si a los experimentos de resurrección de proteínas les añadimos los de evolución dirigida, dispondremos en pocos meses de supermoléculas que posean, por una parte, las importantes características que tenían las proteínas hace miles de millones de años y que ahora se han perdido y, por otra, las nuevas propiedades que se les añadan y que la evolución natural tardaría millones de años en aportar. O sea, que podríamos... ¡¡¡regresar al pasado para ir al futuro!!!

—Correcto. Ahora que lo dices, ese es precisamente el título de la conferencia que imparto dentro de un rato en el paraninfo de tu universidad: *Regreso al futuro*. Acelera, que no llegamos...

—¿Cómo? ¿En el paraninfo? Pero si es el acto de investidura de...

—Charles Darwin... y soy la encargada de dar la lección magistral gracias al rector, que me lo pidió encarecidamente.

—¡¿Tú eres la elegida?! —dije a punto de hiperventilar.

—Es lo que hay, unas veces se gana y otras se pierde. En esta ocasión, has perdido. ¿Y tú qué has hecho en la Dehesa de Campoamor? Seguro que olvidarte de la ciencia...

—En absoluto. Ha sido el comienzo de año más científico de mi vida. Sabes que veo ciencia por todos sitios, así que he pensado escribir un libro contando algunas vivencias de estos días. Estoy seguro de que disfrutaré mucho haciéndolo y, además, creo importante dar a conocer que la ciencia no solo está presente en todas partes, sino que sin ella no sería posible la calidad de vida que tenemos. Es imprescindible para nuestras necesidades y para nuestras aficiones, y sobre todo nos hace más libres a la hora de la toma correcta de decisiones. Si ese libro sirve para empujar en esa dirección, yo sería feliz. ¿Qué te parece?

—Genial. ¿Piensas que le gustará a la gente?

—Espero que sí. Pero de lo que estoy completamente seguro es que será el tipo de libro que, en esta etapa de mi vida, me apetece escribir.

EPÍLOGO

«LA CIENCIA DE LAS PEQUEÑAS COSAS»

Aunque a veces no lo parezca, la ciencia avanza a pasos agigantados. En los pocos meses que han transcurrido desde aquellos maravillosos días en la Dehesa de Campoamor que dieron lugar a este libro, son muchos los nuevos descubrimientos científicos que han visto la luz. El hallazgo de nuevos exoplanetas, la síntesis de revolucionarios materiales con los que se construirán modernas naves espaciales, la primera imagen de un agujero negro, la inauguración de grandes telescopios maravillosos. Sin embargo, mi propósito cuando diseñé esta obra no era escribir acerca de este tipo de avances, absolutamente fascinantes y que revolucionarán el futuro de la sociedad. Mi principal objetivo ha sido descubrirles la importancia de la *ciencia de las pequeñas cosas*, de aquellas que no coparán las portadas de medios de comunicación, pero que son absolutamente imprescindibles para nuestro día a día.

Como docente universitario, investigador y divulgador, considero prioritario que ustedes sean plenamente conscientes de que detrás de todas sus actividades diarias, desde que se levantan hasta que se acuestan, se encuentra el progreso científico. La seguridad de los alimentos que han consumido hoy, la calidad de los cosméticos con los que se han aseado, la comodidad de la ropa con la que se han vestido, la efectividad de los posibles fármacos que hayan utilizado, la larga lista de dispositivos electrónicos que han empleado a lo largo del día, todo, absolutamente todo, es fruto de los avances científicos.

¿Y por qué pienso que estamos obligados (sí, obligados) a conocer la importancia de la *ciencia de las pequeñas cosas*? Por cuatro razones.

La primera de ellas es el placer. Disfruto escuchando a Beethoven, leyendo a Lorca o navegando por el Mediterráneo, pero les aseguro que lo mismo me ocurre conociendo los procesos científicos que ocurren cuando me meto en la cocina y preparo una paella, cuando cultivo una planta en una maceta o cuando practico mi deporte favorito. Las sensaciones que se sienten cuando se es consciente de la ciencia que hay detrás de todas nuestras acciones son maravillosas y estas sensaciones alcanzan su punto máximo de placer cuando, gracias al conocimiento de la *ciencia de las pequeñas cosas,* somos capaces de mejorar un plato en la cocina, ganar un partido de tenis o disfrutar de una tradición popular más de lo que lo hacemos habitualmente.

Otra razón por la que debemos conocer la *ciencia de las pequeñas cosas* es impedir que nos engañen. Vivimos en la época de las *fake news* y de la mentira permanente donde muchos sectores, aprovechándose de nuestra falta de cultura científica, pretenden «confundirnos» usando estrategias comerciales retorcidas y torticeras... y no conozco mejor forma de luchar contra el engaño que desde el conocimiento. Es cierto que hay fraudes a gran escala contra los que es difícil luchar desde nuestra posición, pero también es verdad que hay otros que sí podemos combatir. Desgraciadamente la publicidad de nuevos alimentos y modernos cosméticos está llena de mentiras. En *Un científico en el supermercado* les he proporcionado herramientas suficientes para que ustedes sepan distinguir entre la verdadera ciencia y la anticiencia que se encuentra presente en pequeñas (pero necesarias) cosas como un atún, yogures, potitos, champús, geles, etc. También les he mostrado cómo combatir las innumerables pseudociencias con las que timadores y mentirosos, con la colaboración involuntaria (pero no exenta de parte de culpa) de otros sectores, intentan engañarnos. La decisión final de comprar esos productos o de usar esas peligrosas terapias es suya, faltaría más, pero en este libro he cumplido con mi obligación moral de advertirles de los riesgos económicos, sociales y sanitarios que conlleva coquetear con la pseudociencia. La ciencia nos sirve, entre otras cosas, para ser personas más libres, entendiendo esta libertad como la toma de decisiones basada en el conocimiento y no en la mentira, el engaño y el fraude.

El tercer motivo por el que debemos estar al día de la *ciencia de las pequeñas cosas* es ser personas cultas. Uno de los pensamientos instalados en nuestra sociedad que más me sorprende es que a una persona culta se le exija que sepa de historia, de arte, de cine, de música, pero se le perdone que no sepa nada sobre ciencia y tecnología. Causa vergüenza no saber qué pintaba Rembrandt, pero a pocos sonroja no saber nada sobre qué materiales forman una camisa o qué diferencia hay entre una proteína y un aminoácido, ¡incluso los hay que parecen orgullosos de esa carencia! Ese hábito humanista se ha instalado y ha generado el rechazo al conocimiento científico como parte esencial del estar bien informados. Estoy absolutamente en contra de esa corriente y, como firme defensor de la ciencia como uno de los pilares básicos de la cultura, estoy convencido que el conocimiento de las ciencias clásicas (matemáticas, física, química, etc.) y las más novedosas (metabolómica, nanotecnología, biotecnología, etc.) que hay detrás de las *pequeñas cosas* nos hace personas más cultas. Adquirir mayor nivel científico y, por tanto, convertirnos en personas más cultas, ha sido otro de los objetivos de *Un científico en el supermercado.*

Y dejo para el final la razón más importante. Creo firmemente que, cuando seamos plenamente conscientes de la trascendencia de la *ciencia de las pequeñas cosas,* dejaremos un mundo mucho mejor a nuestros hijos y nietos. ¿A qué me refiero? Vivimos tiempos convulsos políticamente. En los últimos años hemos pasado por un sinfín de elecciones generales, regionales y locales. ¿Recuerdan ustedes en cuál de estos procesos electorales la ciencia ha ocupado titulares? Yo no. ¿Y saben ustedes por qué? Porque para la clase política solamente son importantes aquellos temas que preocupan a la sociedad y desgraciadamente la ciencia no forma parte de ese selecto grupo de temas. ¿Y por qué la ciencia no preocupa a la sociedad como debería? En mi humilde opinión porque desconoce la importancia de la ciencia en su día a día, y es aquí donde entra en juego la importancia de *divulgar sobre las pequeñas cosas.* Cuando la sociedad sea plenamente consciente de que sin los avances científicos y tecnológicos es completamente imposible tener la calidad de vida que tenemos y desarrollar nuestras actividades diarias, presionará a la clase política para que tenga en cuenta la ciencia y no la ningunee. Si seguimos sin ver el progreso científico y tecnológico como algo inherente a la propia vida, no presionaremos a nuestros políticos, la ciencia seguirá en un segundo plano y la sociedad que espera a nuestros descendientes estará abocada al fracaso, ya que jamás deberíamos olvidar que aquellas sociedades que han apostado por la ciencia, incluso en momentos de crisis, son las que han logrado salir adelante de forma exitosa.

Estimados lectores, gracias por haber llegado al último párrafo de este libro. Espero que hayan disfrutado esta obra tanto como yo lo hice al escribirla. Es posible que en algunos capítulos se hayan reído y que en otros se hayan emocionado, pero de lo que estoy seguro es de que se han dado cuenta de que todos tienen un denominador común: la pasión con la que los he escrito. Considero la pasión el arma más efectiva para comunicar la ciencia a la sociedad. Por eso me emociono transmitiendo el conocimiento científico en clase ante mis alumnos, en una conferencia ante cientos de personas o en mi rincón del Mediterráneo escribiendo este libro. Si un divulgador no se emociona con lo que cuenta, jamás llegará al corazón de sus lectores. Y el éxito de la divulgación científica depende mucho de la razón, pero también del corazón.

Hasta pronto.

AGRADECIMIENTOS

Son muchas las personas a las que debo agradecer que este libro haya visto la luz. Con el riesgo de dejarme a alguna en el tintero, cosa que espero me sea perdonada, quiero dar las gracias a aquellos investigadores, profesores y divulgadores científicos que han dedicado parte de su valioso tiempo a asesorarme sobre algunos de los temas científicos abordados en esta obra. Me refiero a Carlos Lobato, Eugenio Manuel Fernández, Rhut Martínez, Sergio Palacios, Javier Panadero, José Antonio Prado-Bassas, Delfina Roca, Daniel Torregrosa y José Miguel Viñas. Una vez más, y ya van muchas, me han demostrado que se puede contar con ellos cuando se les necesita. Son brillantes profesionales, pero, sobre todo, son grandes personas.

Por supuesto quiero agradecer a la Editorial Planeta la confianza que depositó en mí para que escribiera este libro, la profesionalidad con la que han cuidado la obra y el cariño con el que Oriol Alcorta, mi editor, me ha tratado en todo momento.

Dejo para el final a las dos personas a las que más debo agradecer que usted esté leyendo *Un científico en el supermercado.* Me refiero a mi mujer Rhut y a mi hija Ruth. Han sido muchísimas las horas que he dejado de pasar con ellas para centrarme en este proyecto y sin su generoso esfuerzo hubiese sido imposible alcanzar uno de los sueños de mi vida, escribir este libro. Os quiero.

Gracias a todos, de corazón.

WEBS CONSULTADAS

Remolacha

- *https://www.xataka.com/espacio/17-tecnologias-y-productos-que-tenemos-gracias-a-la-carrera-espacial-desde-energia-solar-hasta-fruta-deshidratada*

Magufos

- *https://hipertextual.com/2017/06/pseudociencias-famosos-medios*
- *https://www.elconfidencial.com/deportes/juegos-olimpicos/2016-08-14/estrellas-del-deporte-desastres-para-la-ciencia_1246291/*
- *https://www.seguridadalimentariaconbeatriz.com*
- *https://www.elconfidencial.com/deportes/juegos-olimpicos/2016-08-14/estrellas-del-deporte-desastres-para-la-ciencia_1246291/*
- *https://blogs.20minutos.es/el-nutricionista-de-la-general/tag/pan-runner/*
- *https://elcomidista.elpais.com/elcomidista/2014/10/31/articulo/1414736714_141473.html*
- *https://elpais.com/elpais/2016/06/17/estilo/1466179999_390327.html*

Tenis

- *https://naukas.com/2018/07/20/por-que-no-se-usa-el-ojo-de-halcon-en-el-futbol/*

Anchoas ómicas y tradiciones populares

- *«La era de las ciencias ómicas». María Luisa Bernal Ruiz. 2015*
- *https://eldebatedehoy.es/ciencia/fuegos-artificiales/*
- *https://es.gizmodo.com/como-funcionan-por-dentro-los-fuegos-artificiales-y-p-1796618771*
- *https://www.quo.es/ciencia/g37415/la-quimica-de-los-fuegos-artificiales/*
- *https://www.agenciasinc.es/Noticias/Alertan-del-riesgo-cardiovascular-en-los-costaleros-andaluces*
- *https://culturacientifica.com/2015/09/25/proxima-estacion-metabolomica/*
- *https://francis.naukas.com/2019/04/21/ciencia-para-todos-fisica-de-los-tronos/*
- *https://www.lavanguardia.com/vida/20161202/412314950318/torres-humanas-castells-desafio-fisica-leyes-peso-altura.html*
- *https://idescubre.fundaciondescubre.es/noticias/analizan-la-condicion-fisica-la-forma-prevenir-los-problemas-salud-los-costaleros-semana-santa/*
- *https://www.agenciasinc.es/Noticias/Miden-el-duende-de-bailaoras-de-flamenco-con-termografia*
- *http://www.soitu.es/soitu/2009/08/27/salud/1251370693_371828.html*
- *http://www.lacienciaentumundo.com/castells-fuerza-equilibrio-valor-sensatez-y-ciencia/*

Glamur, belleza y escepticismo

- *http://lacienciadeamara.blogspot.com/2016/10/buscando-la-rosa-negra.html*
- *https://hipertextual.com/2018/10/busca-rosa-azul-flor-leyenda-china*
- *http://lacienciadeamara.blogspot.com/2012/12/buscando-la-rosa-azul.html*
- *https://hipertextual.com/2018/10/ciencia-serendipia-farmaco-contra-alopecia-descubierto-casualidad*
- *https://www.agenciasinc.es/Reportajes/Basta-de-tomaduras-de-pelo-que-funciona-y-que-no-contra-la-calvicie*

El secreto de la abuela

- *https://www.agenciasinc.es/Noticias/Fisica-en-las-agujas-de-tejer-o-como-la-ciencia-explica-la-elasticidad-del-punto*
- *https://culturacientifica.com/2016/11/13/beber-alcohol-produce-cancer/?platform=hootsuite*
- *https://hipertextual.com/2018/12/suplemento-evitar-danos-alcohol*
- *https://elpais.com/elpais/2019/02/06/ciencia/1549449293_780847.html?id_externo_rsoc=FB_CM_MAT&fbclid=IwAR3MNs_F_-Q_BRq9kqpscDd_iUCP4UJV3I8CUJOtqn3OBFAzAt1lxGzTeyE*
- *https://elcomidista.elpais.com/elcomidista/2017/07/21/articulo/1500593561_862242.html?id_externo_rsoc=TW_CM_ECD*
- *https://hipertextual.com/2018/08/cuantas-copas-vino-dia-son-buenas-tu-salud-cero*
- *https://www.elconfidencial.com/tecnologia/ciencia/2018-03-30/piedad-de-la-cierva-biografia-marie-curie-espanola_1541638/*

- *https://mujeresconciencia.com/2017/06/01/piedad-de-la-cierva-viudes-quimica/*
- *https://www.vozpopuli.com/altavoz/next/agua-potencia-sabor-whisky_0_1054395063.html*
- *«Las Sincátedra. Repaso por la historia de las científicas españolas olvidadas». Trabajo fin de grado. Elena Garrido Huarte. 2016.*

O tú o ninguna

- *https://scientiablog.com/2015/11/16/bioquimica-y-escultura-i-una-historia-fascinante/*
- *https://scientiablog.com/2015/11/19/bioquimica-y-escultura-ii-la-medusa-de-acero/*
- *https://www.infobae.com/america/cultura-america/2016/12/24/misterio-resuelto-por-que-el-violin-stradivarius-tiene-un-sonido-inimitable/*
- *https://www.escapadalowcost.com/fiordos-noruegos/el-sol-de-medianoche-en-noruega/*

La cabalgata de la ciencia

- *https://www.elespanol.com/ciencia/20180612/milagro-patata-ayudaron-matematicas-quimica-crear-pringles/314469835_0.html*
- *https://es.gizmodo.com/que-probabilidad-hay-de-que-te-toque-la-loteria-de-navi-1831231196*
- *https://magnet.xataka.com/en-diez-minutos/ningun-truco-va-a-hacer-probable-que-ganes-loteria-dicen-matematicas*
- *https://cifrasyteclas.com/ejemplos-para-explicar-a-tu-abuela-la-probabilidad-de-tener-el-gordo-de-la-loteria-de-navidad/*
- *http://biogeocarlos.blogspot.com/2016/01/los-camellos-de-los-reyes-magos.html*

- *https://cienciabasica.com/que-ocurre-con-el-slime/*
- *https://www.directoalpaladar.com/cultura-gastronomica/que-ingredientes-necesitamos-para-hacer-un-roscon-de-reyes*
- *Introducción a la química de los polímeros biodegradables: una experiencia para alumnos de segundo ciclo de la ESO y Bachillerato*. Francisco G. Calvo-Flores y Joaquín Isac. 2014.

Una linda gatita

- *https://elpais.com/elpais/2017/06/19/ciencia/1497880506_898170.html*
- *https://naukas.com/2018/07/10/en-que-se-parecen-un-gato-siames-a-freir-huevos/*
- *https://hipertextual.com/2016/02/por-que-los-gatos-siempre-caen-de-pie*
- *https://naukas.com/2010/11/11/biomecanica-de-la-lengua-de-gato/*
- *https://francis.naukas.com/2010/11/12/la-fluidodinamica-de-como-bebe-agua-un-gato-o-un-felino/*
- *https://francis.naukas.com/2011/12/09/mi-gatito-transgenico-fluorescente-y-las-terapias-genicas-contra-el-sida/*
- *https://www.xatakaciencia.com/genetica/gatos-verdes-resisten-el-virus-del-sida*
- *https://danielmarin.naukas.com/2013/10/19/50-anos-del-primer-y-unico-gato-en-el-espacio/*

Terror en el hipermercado

- *https://www.vozpopuli.com/actualidad/estudio-cancerigenas-sustancias-cancer-ticket_0_1209479305.html*
- *https://www.bbvaopenmind.com/ciencia/medio-ambiente/la-agricultura-ecologica-no-siempre-tan-ecologica/*

?cid=soc%3Aafl%3Afb%3A—materia%3A-%3A%3A%3A%3A%3A%3A%3Asitlnk%3Amateria%3A&fbclid=IwAR0NFqh7G-n3tnHmZJeWSpK4QK2yBi0LrgP60wmJ3qkKC9m6ZvXK8UdwdR8&tipo=recomienda&utm_medium=facebook&utm_source=materia

- *https://www.agenciasinc.es/Noticias/El-80-de-los-hombres-y-el-55-de-las-mujeres-de-Espana-tendran-obesidad-en-2030*
- *https://naukas.com/2018/12/10/carne-de-laboratorio-no-todo-es-color-de-rosa/*
- *https://elpais.com/elpais/2018/04/23/planeta_futuro/1524477448_021286.html*
- *https://www.seguridadalimentariaconbeatriz.com/insectos/*
- *https://www.consumer.es/alimentacion/superalimentos-promesas-que-no-se-cumplen.html*
- *https://www.consumer.es/alimentacion/carne-artificial.html*
- *https://scientiablog.com/2019/05/15/sobre-el-bisfenol-a-tiques-y-calcetines/*

El mosquito asesino y los X-Men

- *https://www.microsiervos.com/archivo/ciencia/emisiones-co2-humanidad.html*
- *https://elpais.com/elpais/2019/03/27/planeta_futuro/1553700230_705088.html*
- *https://www.agenciasinc.es/Noticias/Identifican-el-gen-que-atrae-a-los-mosquitos-al-sudor-humano*
- *http://www.mosquitoalert.com/sobre-mosquitos/biologia/*
- *https://www.elconfidencial.com/tecnologia/ciencia/2018-10-17/mosquito-tigre-dengue-como-identificar-diferenciar_1628155/*

Regreso al futuro

- *https://www.agenciasinc.es/Reportajes/Proteinas-ancestra-les-resucitadas-para-resolver-enigmas-y-combatir-virus*
- *https://www.cell.com/cell-reports/fulltext/S2211-1247(17)30531-4?_returnURL=https%3A%2F%2Flinkinghub.elsevier.com%2Fretrieve%2Fpii%2FS2211124717305314%3Fshowall%3Dtrue*
- *https://www.investigacionyciencia.es/noticias/reconstru-yen-una-protena-fsil-que-protege-a-las-bacterias-actuales-de-los-virus-15273*
- *http://biotech-spain.com/es/articles/logran-resucitar-prote-nas-f-siles-de-hace-miles-de-millones-de-a-os-y-comprueban-que-protegen-a-las-bacterias-actuales-de-los-virus/*